- 安徽省高等学校省级规划教材
- 安徽省高等学校一流教材建设项目
- 安徽省高等学校"十三五"规划教材建设项目

遥感原理与应用实验教程 第2版

YAOGAN YUANLI YU YINGYONG SHIYAN JIAOCHENG

方 刚 编著

合肥工业大学出版社

内容简介

《遥感原理与应用实验教程》(第2版)是作者整合多年的教学与科研资源,在了解和掌握应用型本科院校地学相关专业学生特点的基础上,根据最新版本的ENVI5.5软件编写而成。主要内容包括:ENVI简介、安装和菜单功能,ENVI入门基本操作,注记与网格的基本操作,辐射定标与大气校正,影像裁剪、旋转、图层叠加和掩膜,影像几何校正,影像镶嵌,影像融合,影像分类,遥感制图,波段运算与波谱运算以及植被覆盖度信息的提取等。

本教材可作为应用型本科院校遥感科学与技术、地理信息科学、地理科学、测绘工程、地质工程、自然地理与资源环境、土地资源管理、人文地理与城乡规划等地学相关专业"遥感原理与应用"课程的配套实验教材,也可作为遥感爱好者学习ENVI遥感影像处理软件的工具书。

本教材配套的实验操作演示视频及相关学习资源,已在安徽省网络课程学习中心/安徽高等教育智慧教育平台(e会学,网址:https://www.ehuixue.cn)上线。读者可通过访问e会学官网或下载APP,注册账号后,在首页搜索"遥感原理与应用实验",选择最新一期课程,即可开始学习。

读者可联系出版社,免费获取教材中涉及的所有实验数据。

图书在版编目(CIP)数据

遥感原理与应用实验教程/方刚编著 . —2版 . —合肥:合肥工业大学出版社,2020.7
(2024.7重印)
ISBN 978 - 7 - 5650 - 4909 - 5

Ⅰ.①遥… Ⅱ.①方… Ⅲ.①遥感技术—实验—高等学校—教材 Ⅳ.①TP7 - 33

中国版本图书馆CIP数据核字(2020)第092943号

遥感原理与应用实验教程(第2版)

方 刚 编著　　　　　　　　　　　　责任编辑　郑 洁

出　版	合肥工业大学出版社	版　次	2013年12月第1版	
地　址	合肥市屯溪路193号		2020年7月第2版	
邮　编	230009	印　次	2024年7月第4次印刷	
电　话	总　编　室:0551-62903038	开　本	787毫米×1092毫米　1/16	
	市场营销部:0551-62903198	印　张	14　字　数　390千字	
网　址	press.hfut.edu.cn	印　刷	安徽联众印刷有限公司	
E-mail	hfutpress@163.com	发　行	全国新华书店	

ISBN 978 - 7 - 5650 - 4909 - 5　　　　　　　　　　定价: 49.00元

再 版 前 言

　　"遥感原理与应用"是一门集理论与实践于一体的课程,具有很强的系统性和前瞻性,市场上与其配套的实验教材较少。本书作者编写的《遥感原理与应用实验教程》(第1版)自2013年12月出版以来,对"遥感原理与应用"课程建设与教学改革起到一定的促进作用。随着遥感科学技术的发展,ENVI软件版本的更新,作者根据自己多年的遥感应用研究和教学实践经验,在了解和掌握应用型本科院校地学相关专业学生特点和需求的基础上,基于最新版本的ENVI 5.5软件编写完成《遥感原理与应用实验教程》(第2版)。与第1版相比,《遥感原理与应用实验教程》(第2版)将软件更新至最新版本;对原有实验内容进行了删减和优化;增加了辐射定标与大气校正、波段运算与波谱运算、植被覆盖度信息的提取等影像处理操作。

　　本教程通过对大量应用实例进行演示操作,呈现出以下几个特点:(1)内容较全面;(2)有较强的针对性;(3)有较强的实用性;(4)可操作性较强。

　　作者在编写过程中查阅了大量文献资料,引用了同类书刊中部分内容,使用了ENVI软件自带数据(数据由Harris Geospatial Solutions提供)、易智瑞信息技术有限公司遥感培训班提供的免费数据和国际科学数据服务平台免费下载的数据,多次得到了易智瑞信息技术有限公司陈秋锦女士、邓书斌先生、徐恩惠女士、张聆女士的帮助和指导,得到了安徽省高等学校一流教材建设项目"遥感原理与应用实验教程"(2018yljc113)、安徽省高等学校"十三五"省级规划教材"遥感原理与应用实验教程"(2017ghjc219)、教育部产学合作协同育人项目"新工科背景下的'遥感原理与应用实验'课程体系改革与教材建设"(201902184019)、教育部产学合作协同育人项目"基于'美科科技'平台的'遥感原理与应用'课程金课建设研究"(201902172053)、教育部产学合作协同育人项目"基于'新工科'的遥

感科学与技术专业实践基地建设"(201802201036)、安徽省大规模在线开放课程(MOOC)示范项目"遥感原理与应用"(2016mooc303)、安徽省高校优秀拔尖人才培育项目(gxgnfx2018051)和宿州学院专业带头人项目"遥感科学与技术"(2019XJZY06)的资助与支持。在此向 Harris Geospatial Solutions、易智瑞信息技术有限公司、国际科学数据服务平台等相关单位以及陈秋锦女士、邓书斌先生、徐恩惠女士、张聆女士表示衷心的感谢！此外，在书稿编写过程中还得到了张生教授、赵强讲师、陈丽女士的关心和帮助，在此一并表示感谢！

由于作者水平有限、时间仓促，书中难免存在不妥之处，恳请广大读者批评指正！

宿州学院　方　刚

2020 年 6 月 18 日

目　　录

实验一 ENVI 简介、安装和菜单功能

实验目的

通过本次实验,帮助第一次使用 ENVI 遥感软件的实验者了解 ENVI,学会安装 ENVI 5.5.2 以上版本,并且熟悉 ENVI 5.5.2 图形界面、ENVI 软件的打开与关闭以及菜单主要功能。

实验内容

(1)ENVI 简介;

(2)安装 ENVI 5.5.2;

(3)熟悉 ENVI 5.5.2 菜单功能。

安装软件和许可

安装文件 envi552 - win. exe,激活工具文件 ENVI54x_Evaluation_License. sav。

实验步骤

一、ENVI 简介

ENVI(The Environment for Visualizing Images)、IDL(Interactive Data Language)和 ENVI Services Engine 是美国 Harris Geospatial Solutions 公司的旗舰产品。ENVI 是由遥感领域的科学家采用 IDL 开发的一套功能强大的遥感影像处理软件。IDL 是进行二维或多维数据可视化、分析和应用开发的理想软件工具。ENVI Services Engine 是企业级服务器产品,通过 ENVI Services Engine 可以组织、创建及发布先进的 ENVI/IDL 影像。

ENVI 是一个完整的遥感影像处理平台,其软件处理技术覆盖了影像数据的输入/输出、定标、几何校正、正射校正、影像融合、影像镶嵌、影像裁剪、影像增强、影像解译、影像分类、基于知识的决策树分类、面向对象影像分类、动态监测、矢量处理、DEM 提取及地形分析、雷达数据处理、制图、三维场景构建以及与 GIS 的整合,提供了专业可靠的波谱分析工具

和高光谱分析工具。ENVI 软件可支持所有的 UNIX 系统、Mac OS X、Linux,以及 PC 机的 Windows7/8/10 操作系统。ENVI 可以快速、便捷、准确地从遥感影像中获得用户所需的信息;提供先进的人性化的使用工具来方便用户读取、探测、准备、分析和共享影像中的信息。今天,众多的影像分析师和科学家选择通过 ENVI 来获得遥感影像中的信息,其应用领域包括:环境保护、气象、石油矿产勘探、农业、林业、医学、国防及安全、地球科学、公用设施管理、遥感工程、水利、海洋、测绘勘察以及城市与区域规划等。自 2007 年起,Exelis VIS 公司与著名的 GIS 厂商 Esri 公司开展全面战略合作,共同提供遥感与 GIS 一体化解决方案,目前最新的 ENVI5 系列版本已经成为与 ArcGIS 一体化集成的最佳遥感平台。

IDL 是集科学数据分析、可视化表达和跨平台应用开发等功能为一体的第四代可视化计算机语言。它是面向矩阵的、完全支持对数组的直接操作,具有快速分析超大规模数据的能力,速度相比传统语言如 C、C++ 等有很大的提升。IDL 包括高级影像处理能力、交互式二维和三维图形技术、面向对象的编程、OpenGL 硬件图形加速功能、集成的数学分析与统计软件包、完善的信号分析和影像处理功能、灵活的数据输入输出方式、跨平台的图形用户界面工具包、连接 ODBC 兼容数据库以及支持远程服务器访问数据等功能,兼具多种外部程序连接方式,已成为数据分析和可视化的首选工具。用户涵盖 NASA、ESA、NOAA、Siemens、GE Medical、Army Corps of Engineers、MacDonald Dettwiler 等知名研究机构和公司。其应用领域包括:海洋科学、气象、遥感工程、医学、空间物理、地球科学、测试技术、信号处理、教育科研、天文学、商业等。

ENVI Services Engine 是企业级服务器产品。通过 ENVI Services Engine 可以组织、创建及发布可伸缩、高度可配置的地理空间应用程序,并能够将这些应用程序部署在任何现有的集群环境、企业级服务器或云平台中。用户可以通过各种终端(如桌面端、移动端、网页端等)按需获取并充分利用遥感影像提取的信息。ENVI Services Engine 能够极大提高投资回报率,优化决策过程,提高数据应用效率,简化软硬件维护。

ENVI 是以功能模块化的方式提供给用户的,可使用户根据自己的应用要求、资金情况合理地选择不同功能模块及其不同组合,对系统进行剪裁,充分利用软硬件资源,并最大限度地满足用户的专业应用要求。ENVI 面向不同需求的用户,对于系统的扩展功能采用开放的体系结构以 ENVI RT、ENVI+IDL 的形式为用户提供了两种环境的产品架构,并有丰富的功能扩展模块供用户选择,使产品模块的组合具有极大的灵活性。其可扩充模块包括:

1. 大气校正模块(Atmospheric Correction)

大气校正模块校正由大气气溶胶等引起的散射和由于漫反射引起的邻域效应,消除大气和光照等因素对地物反射的影响,获得地物反射率、辐射率和地表温度等真实物理模型参数,同时可以进行卷云和不透明云层的分类。

2. 立体像对高程提取模块(DEM Extraction)

立体像对高程提取模块可以从卫星影像或航空影像的立体像对中快速获得 DEM 数据,

同时还可以交互量测特征地物的高度或者收集3D特征并导出3D Shapefile格式的文件。它可以从立体像对影像中提取3D点云数据。

3. 面向对象空间特征提取模块(Feature Extraction-FX)

面向对象空间特征提取模块包含面向对象影像分类工具和LiDAR数据处理与分析工具。面向对象影像分类工具根据影像空间和光谱特征(即面向对象方法),从高分辨率全色或者多光谱数据中提取特征信息。LiDAR数据处理与分析工具(ENVI LiDAR)提供高级的LiDAR数据浏览、处理和分析工具,能读取原始的LAS数据、NITF LAS数据和ASCII文件,浏览现实场景。该模块能自动对LiDAR数据进行分类,提取包括地形(DSM与DEM)、等高线、树木、建筑物、电力线、电线杆、正射图等二维、三维信息。

4. 摄影测量扩展模块(Photogrammetry)

摄影测量扩展模块提供基于传感器物理模型的影像正射校正功能,一次可以完成大区域、若干景影像和多传感器的正射校正,并能以镶嵌结果的方式输出,提供接边线、颜色平衡等工具,采用流程化向导式操作方式。同时可以基于两幅或多幅立体像对影像提取3D点云数据,能够输出LAS格式的点云数据。

5. NITF影像处理扩展模块(Certified NITF)

NITF影像处理扩展模块可实现读写、转化、显示标准NITF格式文件等功能。

6. 无人机影像处理模块(ENVI OneButton)

无人机影像处理模块可以全自动方式处理无人机拍摄的影像,利用先进的摄影测量和计算机视觉算法,采用空三加密和区域网平差技术快速得到高精度、具备标准地理参考、无缝镶嵌的正射影像、地形和真彩色3D点云产品。它为高级用户提供了交互工具,包括地面控制点输入与编辑、连接点编辑、空三加密设置、DEM和3D点云数据调整、镶嵌接边线和颜色调整、替换和修补不完善影像区域等。

7. ENVI精准农业扩展模块(ENVI Crop Science)

ENVI精准农业扩展模块提供了一系列精准农业和农学分析工具,可以获取作物的株数,获取每一株作物的地理位置和大小,并可以输出为Shapefile文件;计算每一株作物的特殊指标(如高度、光谱指数等)的均值、最小值、最大值和标准差;定位作物预期位置的格网;识别逐行排列的作物,去除杂草、野草等不在队列中的地物;识别逐行排列作物中间的缺口,即漏种区域;热点分析工具,可以辨识影像中相对特殊的区域。所有功能均开放了调用接口。

8. ENVI深度学习扩展模块(ENVI Deep Learning Module)

ENVI Deep Learning Module是面向空间信息从业者,基于深度学习框架(TensorFlow)开发的遥感影像分类工具。它旨在让空间信息从业者不需要深度学习或不需要具有程序开发等背景知识就能轻松上手,从而能完成建筑物、道路、农作物种类等特征信息提取,也能进行全要素影像分类、变化检测等应用。ENVI Deep Learning Module主要包括四个步骤:创建训练样本、创建模型、训练模型、影像分类。前三个步骤的作用是训练学习模型,ENVI提

供的工具可以很轻松地训练自己的学习模型库,并可以在后期不断地增加训练样本,强化学习模型库。

9.高级雷达影像处理软件(ENVI SARscape)

高级雷达影像处理软件提供完整的雷达处理功能,包括基本 SAR 数据的数据导入、多视、几何校正、辐射校正、去噪、特征提取等一系列基本处理功能;聚焦模块扩展了基础模块的聚焦功能,采用经过优化的聚焦算法,能够充分利用处理器的性能实现数据快速处理;提供基于 Gamma/Gaussian 分布式模型的滤波核,能够最大限度地去除斑点噪声,同时保留雷达影像的纹理属性和空间分辨率信息;提供(D)InSAR 工具的主要功能,包括基线估算、干涉图生成、干涉图去平、干涉图自适应滤波、相干性计算、相位解缠、轨道重定义、高程/形变转换和大气校正等实用工具,可生成干涉影像、相干影像、地面断层图、DEM、形变图;支持 SAR 立体量测生成 DEM 数据;支持多孔径干涉测量和振幅偏移量量测,获取方位向形变信息;提供相干 RGB 假彩色合成工具和相干变化检测工具;支持对极化 SAR 数据和极化干涉 SAR 数据的处理;干涉叠加模块能确定特征地物在地面上产生的毫米级的位移。

10. ENVI 企业级服务器平台软件(ENVI Services Engine)

ENVI 企业级服务器产品,通过 ENVI Services Engine 可以组织、创建及发布可伸缩、高度可配置的地理空间应用程序,ENVI/IDL 等软件能够将这些应用程序部署在任何现有的集群环境、企业级服务器或云平台中,支持弹性计算、负载均衡和并行运算,充分利用服务器端硬件资源快速处理和分析影像。在 Web 浏览器或移动设备中在线、按需、自助式使用这些资源创建应用,并可以整合 GIS 资源。通过它可以跨企业或跨互联网以 Web 服务形式共享影像处理和分析工具。

ENVI 5.5 于 2018 年 2 月正式发布,支持最新 WorldView - 4 等数据;新增 ENVI Modeler 建模工具,可以零代码构建工作流或者批处理;新增 ENVI Py,与 ArcGIS 一体化集成更加简便,支持与 ArcGIS Pro 一体化集成;增加更多的 ENVI Task 函数等。

ENVI 5.5.1 于 2018 年 9 月正式发布,新增和优化传感器与数据支持、影像处理和显示、ENVI Modeler 更新、二次开发、与 ArcGIS 集成等功能。

ENVI 5.5.2 于 2019 年 2 月正式发布,主要新功能有:新增波段扩展工具、新增波谱库维数扩展工具、新增开源遥感数据下载工具;改进 ReprojectRaster、Layer Stacking、Seamless Mosaic、ROI Tool、ENVI Modeler、ArcGIS 一体化集成、二次开发等工具。

二、ENVI 5.5.2 的安装

这里以安装"envi552 - win. exe"为例详细介绍其安装过程。根据计算机操作系统配置选择"envi552 - win. exe"安装文件。

第一步,双击安装文件名"envi552 - win. exe",弹出 ENVI 5.5.2 软件安装界面,如图 1 - 1 所示。

图 1-1　打开安装文件

第二步,单击"Next >"按钮,然后在弹出的界面中选中"I accept the agreement",如图
1-2所示。

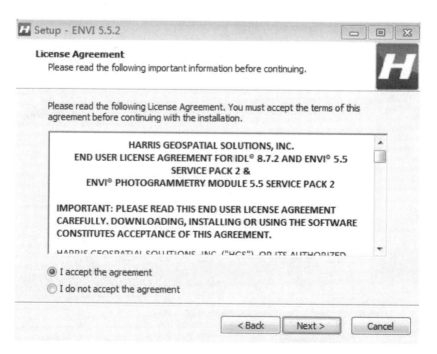

图 1-2　接受安装协议

第三步，单击"Next ＞"按钮，并在弹出的界面中单击"Browse..."改变安装路径，默认安装路径在 C 盘，这里改为"D:\Program Files\Harris"，如图 1－3 所示。

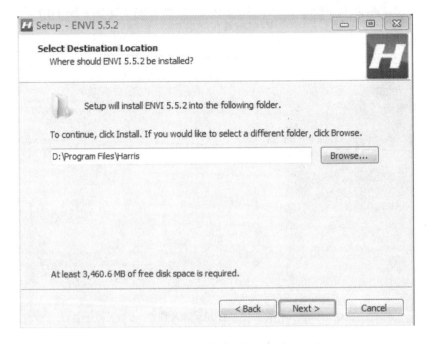

图 1－3　更改安装路径

第四步，单击"Next ＞"按钮，并在弹出的界面中选中"IDL DICOM Network Services"和"IDL DataMiner（ODBC Drivers）"，如图 1－4 所示。

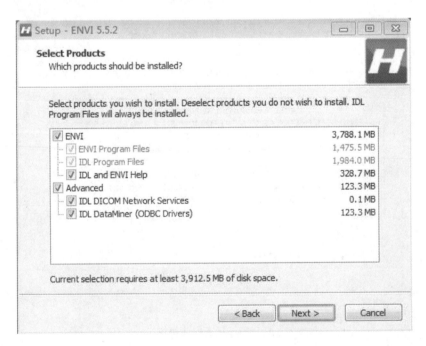

图 1－4　选择安装项目

第五步,单击"Next >"按钮,并在弹出的界面中选中"Install"按钮,等待安装,如图1-5所示。

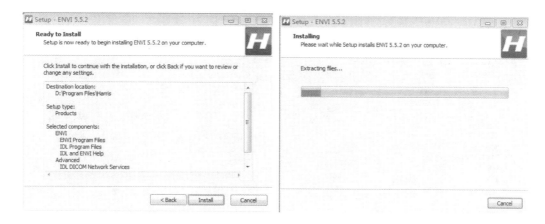

图 1-5 安装进度

第六步,在弹出的界面中选中"Yes,restart the computer now"选项,再单击"Finish"按钮即完成 ENVI 5.5.2 安装,如图 1-6 所示。

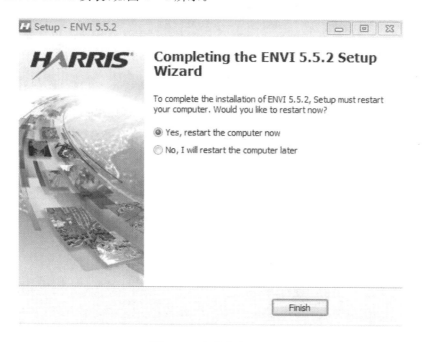

图 1-6 安装完成界面

第七步,修改权限(修改权限不仅为了申请许可,而且为了以后更方便地使用 ENVI 软件。注意:为确保软件许可一次通过,计算机名更改为英文名),具体操作如下:

(1)定位到 ENVI 5.5.2 安装路径,实验路径为" D:\Program Files\Harris"。

(2)首先在"Harris"文件夹上右键选择"属性",然后依次单击"安全"→"编辑"→"Users (计算机名\Users)"→勾选"完全控制"→单击"确定"即可,如图 1-7 所示。

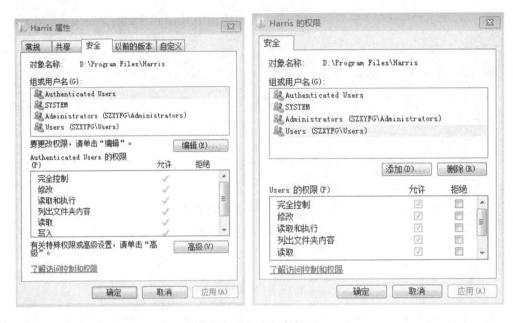

图 1-7 修改权限操作

第八步,激活 ENVI 5.5.2,激活过程如下:

(1)将激活工具"ENVI54x_Evaluation_License.sav"保存在较浅的英文路径下,否则有可能会出现报错。

(2)双击打开激活工具"ENVI54x_Evaluation_License.sav",等待片刻后弹出激活工具主界面,如图 1-8 所示。按提示要求认真填写真实的中英文资料,最后单击"激活"按钮。

图 1-8 激活工具操作

如激活成功,将显示状态为"已激活",并且显示更新的"许可到期时间"和"可用激活次数"。

> ◀» **注意:**
>
> 如果双击打开激活工具"ENVI54x_Evaluation_License.sav"出现异常或提示退出正在运行的 ENVI。请按照如下方法打开激活工具:首先在开始菜单中运行"\ENVI 5.x\IDL 8.x\Tools\IDL 8.x Virtual Machine",然后在弹出的对话框中单击"Click To Continue",最后在弹出对话框中选择下载的激活工具"ENVI54x_Evaluation_License.sav"。

第九步,ENVI 系统常用参数设置:启动 ENVI 5.5 或者 ENVI Classic(经典模式),在主菜单中单击"File"→"Preferences",在"System Preferences"面板中选择"Default Directories"进行目录参数设置,如图 1-9 所示。在"System Preferences"面板中选择"Display Defaults"进行影像显示参数设置,如图 1-10 所示。在"System Preferences"面板中选择"Miscellaneous"进行综合参数设置:"Page Units"(制图单位)默认设置为英寸(Inches),也可设置为厘米(Centimeters);"Cache Size"(缓冲大小)可以设置为物理内存的50%~75%;"Image Tile Size"值的设置原则不能超过 10MB(如果为 64 位操作系统,内存为 8GB,其值可设置为 50MB~100MB),如图 1-11 所示。

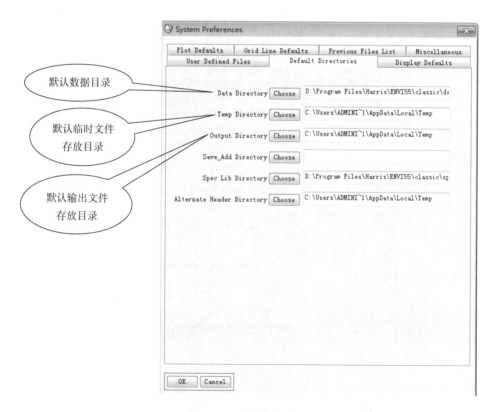

图 1-9 目录参数设置

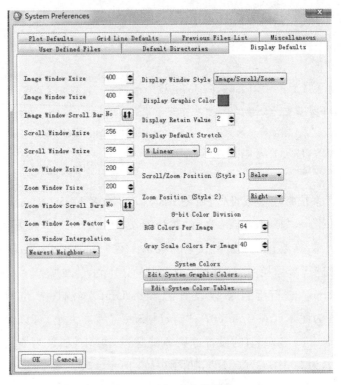

图 1-10　显示参数设置

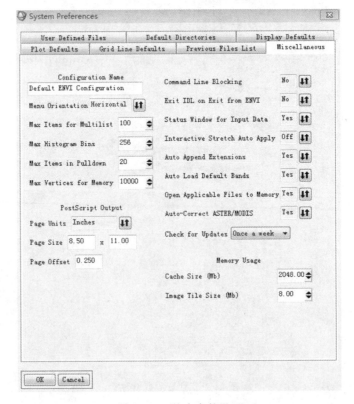

图 1-11　综合参数设置

三、熟悉ENVI菜单功能

双击桌面"ENVI Classic 5.5（64 - bit）"或"ENVI Classic 5.5 ＋ IDL 8.7（64 - bit）"（带IDL编程功能）图标，或者依次单击"开始"→"所有程序"→"ENVI 5.5"→"Tools"→"ENVI Classic 5.5（64 - bit）"或"ENVI Classic 5.5 ＋ IDL 8.7（64 - bit）"（带IDL编程功能），得到ENVI主菜单工具条，主菜单包括12项下拉菜单，各下拉菜单具体含义如图1 - 12所示，关闭只需单击右上角红色"×"，然后在弹出的"ENVI Question"面板中单击"是（Y）"按钮即可，如图1 - 13所示。

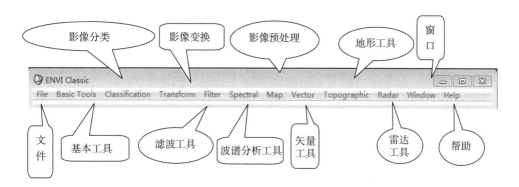

图1 - 12　ENVI主菜单工具条

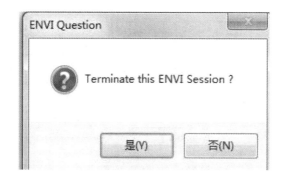

图1 - 13　ENVI关闭

1. 文件（File）

这部分具有完成文件的读入和输出、与IDL通信、系统配置参数等功能。File菜单项具体含义如图1 - 14所示。

2. 基本工具（Basic Tools）

ENVI中的基本工具包括：数据调整、数据旋转、图层叠加、数据转换、数据拉伸、空间统计、变化检测、量测工具、波段运算、波谱运算、影像分割、感兴趣区、影像镶嵌、影像掩膜等，该下拉菜单具体含义如图1 - 15所示。

打开矢量文件	Open Image File	打开影像文件
打开特定文件	Open Vector File	
	Open Remote File	打开远程文件
编辑头文件	Open External File	
	Open Previous File	打开最近使用文件
数据浏览	Edit ENVI Header	
	Generate Test Data	生成测试数据
导入IDL变量	Data Viewer	
	Save File As	文件另存为
编译IDL程序	Import from IDL Variable	
	Export to IDL Variable	导出为IDL变量
扫描文件目录	Compile IDL Module	
	IDL CPU Parameters	IDL CPU参数设置
保存会话为文本	Scan Directory List	
	Change Output Directory	更改输出目录
打开显示窗口组	Save Session to Script	
	Execute Startup Script	执行启动脚本
ENVI日志管理	Restore Display Group	
	ENVI Queue Manager	ENVI处理队列管理
参数设置	ENVI Log Manager	
	Close All Files	关闭所有文件
	Preferences	
	Exit	退出

图 1-14 File 菜单项

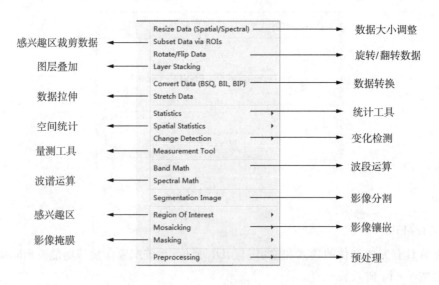

图 1-15 Basic Tools 菜单项

3. 影像分类（Classification）

影像分类模块包括：监督分类、非监督分类、决策树分类、端元波谱收集器、从感兴趣区建立分类影像、分类后处理等功能，该下拉菜单具体含义如图 1-16 所示。

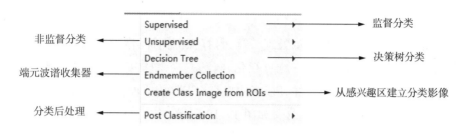

图 1-16 Classification 菜单项

4. 影像变换(Transform)

影像变换模块包括:影像融合、波段比值、主成分分析、最小噪声分离变换、彩色空间变换、去相关拉伸、彩色拉伸、饱和度拉伸、合成彩色影像、归一化植被指数和缨帽变换等,该下拉菜单具体含义如图 1-17 所示。

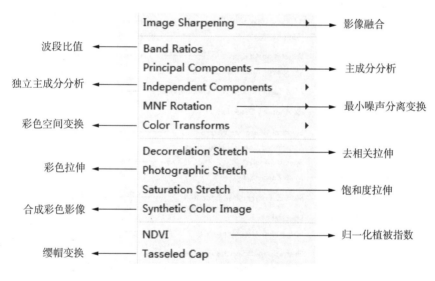

图 1-17 Transform 菜单项

5. 滤波工具(Filter)

滤波工具包括:卷积与形态学滤波、纹理分析、自适应滤波及傅里叶变换等,该下拉菜单具体含义如图 1-18 所示。

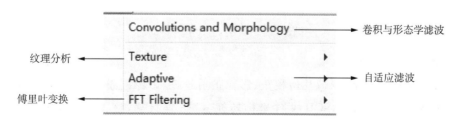

图 1-18 Filter 菜单项

6. 波谱分析工具（Spectral）

波谱分析工具包括：流程化影像处理工具、目标探测向导、波谱库的建立、波谱切割、最小噪声分离变换、像元纯净指数、n-维可视化、制图方法、植被分析、植被抑制、波谱沙漏向导、波谱分析、波谱运算、波谱重采样、PC 影像融合、EFFORT 波谱打磨、大气校正、建立 3D 立方体、预处理等，该下拉菜单具体含义如图 1-19 所示。

图 1-19　Spectral 菜单项

7. 影像预处理（Map）

影像预处理模块包括：影像几何校正、影像正射校正、影像镶嵌、地图投影坐标转换、自定义地图投影、图层叠加、ASCII 文件坐标转换、GPS 连接等，该下拉菜单具体含义如图 1-20 所示。

图 1-20 Map 菜单项

8. 矢量工具（Vector）

矢量工具包括打开矢量文件、新建矢量文件、可用矢量列表、智能数字化工具、分类结果矢量化等工具，该下拉菜单具体含义如图 1-21 所示。

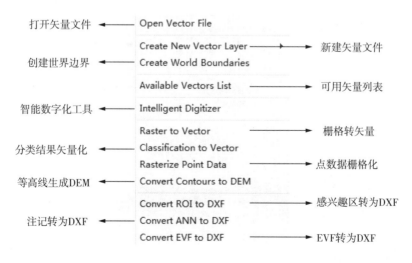

图 1-21 Vector 菜单项

9. 地形工具（Topographic）

地形分析工具包括：打开地形文件、地形建模、地形特征提取、DEM 提取、山体阴影图生成、坏值替换、等高线生成 DEM、点数据栅格化、三维可视化等，该下拉菜单具体含义如图 1-22 所示。

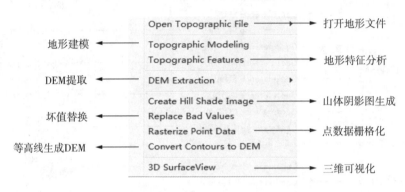

图 1-22　Topographic 菜单项

10. 雷达工具（Radar）

雷达工具包括打开/预处理雷达数据文件、雷达定标、天线阵列校正、斜距校正、入射角影像、自适应滤波、彩色影像合成、极化分析工具、TOPSAR 工具等，该下拉菜单具体含义如图 1-23 所示。

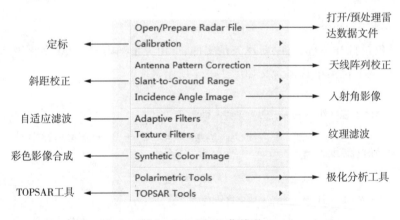

图 1-23　Radar 菜单项

11. 窗口（Window）

管理 ENVI 显示和绘图窗口，包括：窗口查找、新建窗口、显示窗口最大化、窗口信息、关闭窗口等，该下拉菜单具体含义如图 1-24 所示。

12. 帮助（Help）

帮助包括 ENVI Classic 帮助内容、鼠标按键说明、关于 ENVI Classic 等，该下拉菜单具体含义如图 1-25 所示。

图 1-24　Window 菜单项

鼠标按键说明 ← Mouse Button Descriptions

Start ENVI Classic Help → ENVI Classic帮助内容

About ENVI Classic → 关于ENVI Classic

图 1-25　Help 菜单项

思考与练习

1. ENVI 是一个完整的遥感影像处理平台,其软件处理技术覆盖了哪些方面? 其扩展模块有哪些?

2. ENVI 安装完成后,设置系统参数时需要注意哪些事项?

3. ENVI 菜单主要包括哪些?

实验二 ENVI 入门基本操作

实验目的

通过本次实验,帮助实验者熟悉 ENVI 的图形界面,掌握遥感影像的打开与关闭、窗口操作、对比度拉伸、直方图匹配、颜色表、密度分割、动画循环显示、彩色影像合成、动态链接、坐标信息的查看、像素定位器的使用、矢量叠加、剖面线显示、2D Scatter Plots(2D 散点图)、影像统计/分析、数据的输出、波段名的修改、波长信息的添加、感兴趣区的建立等。

实验内容

(1)遥感影像的打开与关闭;

(2)遥感影像处理常用工具的基本操作。

实验数据

软件自带数据:can_tmr.img(Canon City,TM Data),can_tmr.hdr(Header File);bhtmref.img,bhtmref.hdr;练习数据:2-层的叠加。

实验步骤

一、加载一幅灰阶(灰度)影像

(1)双击桌面"ENVI Classic 5.5 (64 - bit)"或"ENVI Classic 5.5 + IDL 8.7 (64 - bit)"图标,或者依次单击"开始"→"所有程序"→"ENVI 5.5"→"Tools"→"ENVI Classic 5.5 (64 - bit)"或"ENVI Classic 5.5 + IDL 8.7 (64 - bit)",启动 ENVI。

(2)在 ENVI 主菜单下单击"File"→"Open Image File",选中默认目录下文件名"can_tmr.img",然后单击右下角"打开(O)"按钮,弹出可用波段列表,如图 2 - 1 所示。

(3)打开一个波段灰阶影像的方法:第一种方法是选中要打开的波段名,然后双击即可,如图 2 - 2 所示,按照这种方法也可打开其他波段影像。第二种方法是右击要打开的波段名,选择"Load Band to New Display",如图 2 - 3 所示;然后右击其他要打开的波段名,选择

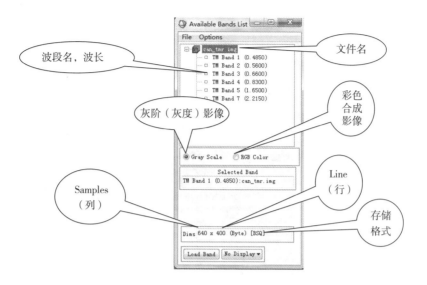

图 2-1　可用波段列表

"Load Band to Current Display"打开影像。第三种方法是选中要打开的波段名,然后单击可用波段列表左下角"Load Band"即可,按照这种方法也可打开其他波段影像。

图 2-2　双击波段名

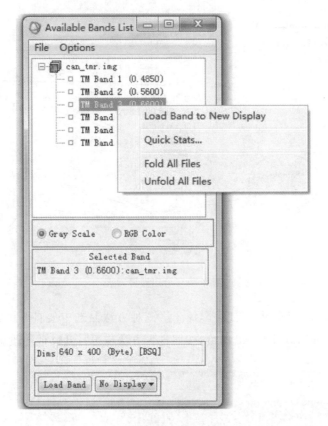

图 2-3　右击波段名

（4）同时打开若干个波段灰阶影像：第一种方法，首先按照前面任意方法打开任意一个波段影像，选择要打开的第二个波段名，单击可用波段列表右下角"Display ♯1"→"New Display"，弹出一个新窗口，双击该波段名或者单击可用波段列表左下角"Load Band"加载第二个要打开波段的影像；然后选择要打开的第三个波段名，单击可用波段列表右下角"Display ♯2"→"New Display"，弹出一个新窗口，再双击该波段名或者单击可用波段列表左下角"Load Band"加载第三个要打开波段的影像，依次类推打开其他波段影像，如图 2-4 所示。第二种方法，首先也是按照前面任意方法打开任意一个波段影像，右击要打开的第二个波段名，选择"Load Band to New Display"即加载第二个要打开的波段影像，依次类推打开其他波段影像。

（5）影像替换：当同时打开两个以上波段影像时就会经常用到替换，首先按照上面方法同时打开"TM Band 1"和"TM Band 3"影像，如图 2-5 所示；然后双击"TM Band 7"，即完成"TM Band 7"替换"TM Band 3"，如图 2-6 所示；再选中"TM Band 2"，单击可用波段列表右下角"Display ♯2"→"Display ♯1"，双击该波段名或者单击可用波段列表左下角"Load Band"即完成"TM Band 2"替换"TM Band 1"，如图 2-7 所示。按照类似方法也可完成其他波段影像替换。

图 2-4　同时打开若干个波段灰阶影像

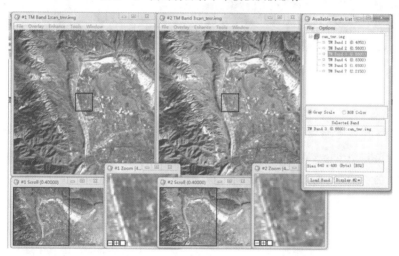

图 2-5　"TM Band 1"和"TM Band 3"影像

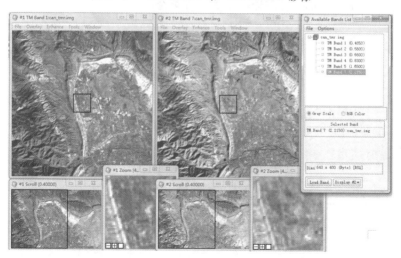

图 2-6　"TM Band 7"替换"TM Band 3"

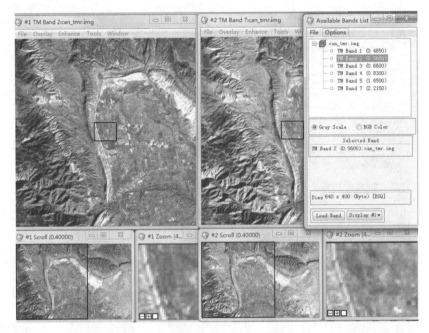

图 2-7 "TM Band 2"替换"TM Band 1"

二、熟悉窗口

ENVI Classic 中影像显示由主影像窗口、滚动窗口和缩放窗口三个窗口组成,如图2-8所示。主影像窗口(Image Window:以实际分辨率来显示影像的一部分),在第一次载入一幅影像时自动地被启动,能动态地被缩放;滚动窗口(Scroll Window:显示整个影像),只有要显示的影像比主影像窗口以全分辨率能显示的影像大时,才会出现;缩放窗口(Zoom Window:显示 Image 窗口中的放大部分),是一个小的影像显示窗口,以用户自定义的缩放倍数使用像元复制来显示主影像窗口的一部分,提供无限缩放能力,缩放倍数出现在窗口标题栏的括号中。三个窗口都能动态地调整大小直至全屏。

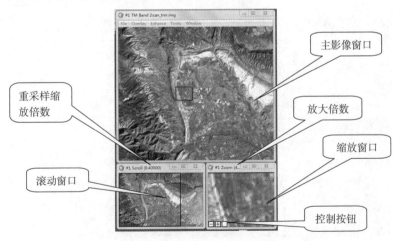

图 2-8 三窗口

（1）滚动条的显示与否，在主影像窗口右击选择"Toggle"→"Display Scroll Bars"，此时滚动条显示；再右击选择"Toggle"→"Display Scroll Bars"，此时滚动条关闭，如图2-9所示。

注意：

只有当主影像窗口的长（或者宽）比整幅影像的长（或者宽）尺寸小时，才出现滚动条。

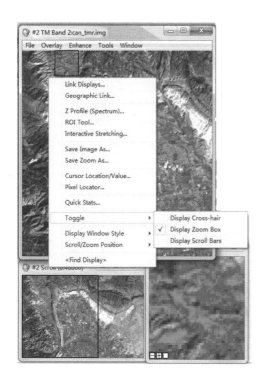

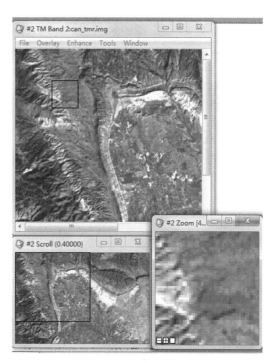

图2-9　滚动条的显示与否

（2）十字丝的显示与否，在主影像窗口右击选择"Toggle"→"Display Cross-hair"，此时十字丝显示；再右击选择"Toggle"→"Display Cross-hair"，此时十字丝关闭，如图2-10所示。

（3）选择合适的影像窗口排列组合方式。右击选择"Display Window Style"→"Scroll/Image/Zoom"，即显示三窗口；右击选择"Display Window Style"→"Scroll/Zoom"，即只显示滚动窗口和缩放窗口；右击选择"Display Window Style"→"Image Only"，即只显示主影像窗口；右击选择"Display Window Style"→"Zoom Only"，即只显示缩放窗口，如图2-11所示。

（4）Zoom左下角按键操作。单击"＋"一次表示倍数放大一倍，单击"－"一次表示倍数缩小一半，单击"□"按钮时缩放窗口出现十字丝。

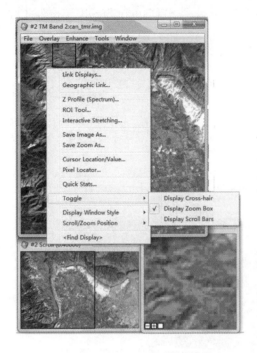

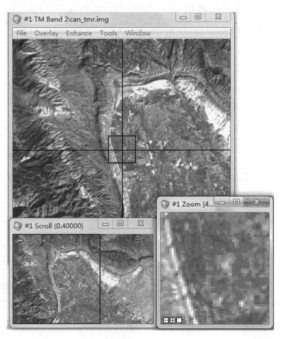

图 2-10 十字丝的显示与否

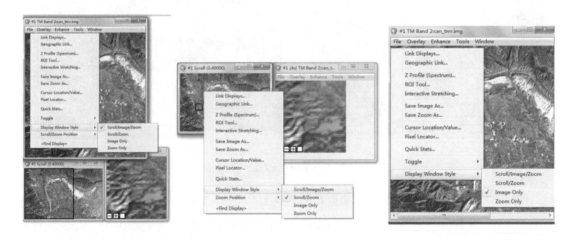

图 2-11 合适的影像窗口排列

三、显示一幅彩色合成影像

在 ENVI 主菜单下单击"File"→"Open Image File",选中默认目录下文件名 "bhtmref.img",然后单击右下角"打开(O)"按钮,弹出可用波段列表。

1. 真彩色影像合成

在可用波段列表中右击要打开影像的文件名"bhtmref.img",选择"Load True Color", 即完成真彩色影像的加载,如图 2-12 所示。

> **注意：**
>
> 数据中必须有红、绿、蓝三个波段时，才可合成真彩色影像。

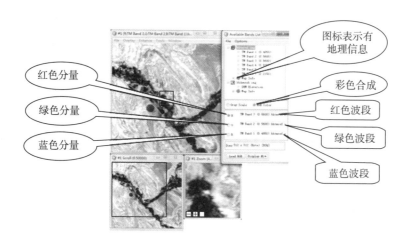

图 2-12　真彩色影像合成(1)

也可以在可用波段列表中先单击"RGB Color"，然后对 R、G、B 三个分量依次赋值"红色波段(TM Band 3)""绿色波段(TM Band 2)""蓝色波段(TM Band 1)"，一一对应，最后单击左下角"Load RGB"即可，如图 2-13 所示。

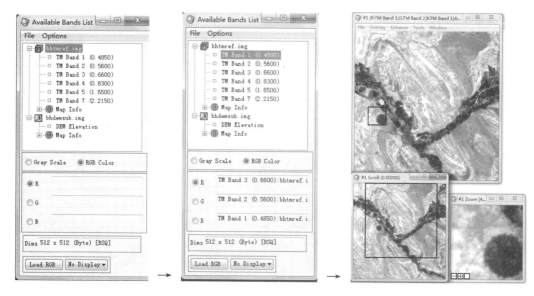

图 2-13　真彩色影像合成(2)

2. 假彩色影像合成

在可用波段列表中先单击"RGB Color"，然后对 R、G、B 三个分量依次赋值(如"TM Band 7""TM Band 5""TM Band 4"或"TM Band 5""TM Band 4""TM Band 3"等)，最后单

击左下角"Load RGB"即可,如图 2-14 所示。

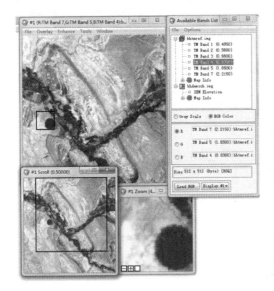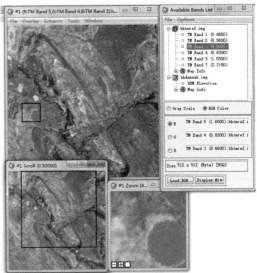

图 2-14　假彩色影像合成

　　假彩色影像合成中经常用到标准假彩色合成。标准假彩色合成,在可用波段列表中右击要打开影像的文件名"bhtmref. img",选择"Load CIR",即完成标准假彩色影像的加载,如图 2-15 所示。

注意:
　　数据中必须有近红外、红色、绿色波段时,才可合成标准假彩色影像。

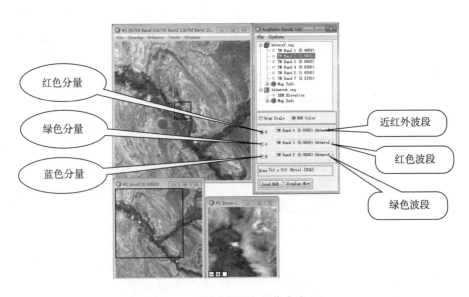

图 2-15　标准假彩色影像合成(1)

标准假彩色影像合成也可以在可用波段列表中先单击"RGB Color",然后对 R、G、B 三个分量依次赋值"近红外波段(TM Band 4)""红色波段(TM Band 3)""绿色波段(TM Band 2)",一一对应,最后单击左下角"Load RGB"即可,如图 2 - 16 所示。

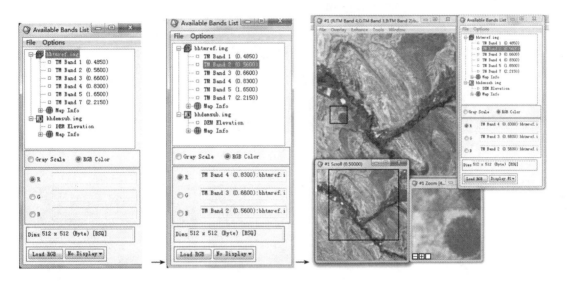

图 2 - 16　标准假彩色影像合成(2)

> **注意:**
> 影像波段是根据波长范围来划分的。

四、对比度拉伸

在主影像窗口"Enhance"菜单下提供线性拉伸(Linear)、0~255 线性拉伸(Linear 0~255)、2%线性拉伸(Linear 2%)、高斯拉伸(Gaussian)、均衡化拉伸(Equalization)、平方根拉伸(Square Root)和交互式拉伸(Interactive Stretching)等。不同拉伸方法得到的影像效果不一样,如图 2 - 17 所示。

> **注意:**
> ENVI 中默认拉伸方法为 2%线性拉伸。

交互式拉伸(Interactive Stretching)可以根据用户需求改变影像质量,实现人机交互方式。将一影像(灰阶或彩色)打开并显示,在主影像窗口选择"Enhance"→"Interactive Stretching…",弹出交互式拉伸操作面板,如图 2 - 18 所示。面板左边是输入直方图,右边是输出直方图,分别表示当前的输入数据及拉伸数据。两条垂直虚线表示当前拉伸所用到的最小值和最大值,其值显示在面板左上角"Stretch"标签的两个文本框中,面板左上角拉伸类

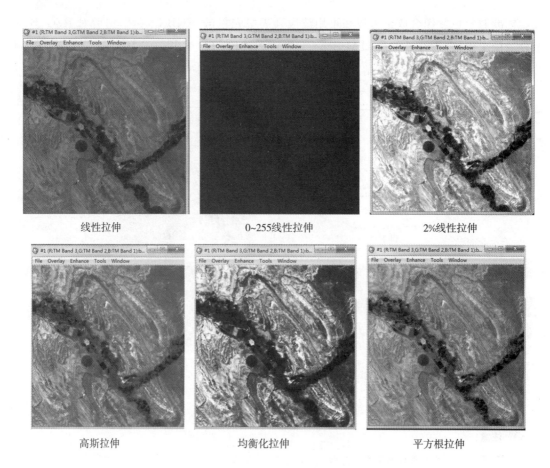

线性拉伸　　　　　　　0~255线性拉伸　　　　　　　2%线性拉伸

高斯拉伸　　　　　　　均衡化拉伸　　　　　　　平方根拉伸

图 2-17　不同拉伸方法的效果图

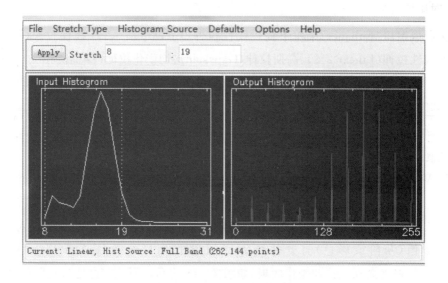

图 2-18　交互式拉伸操作面板

型(Stretch_Type)菜单包括线性拉伸(Linear)、分段线性拉伸(Piecewise Linear)、高斯拉伸(Gaussian)、均衡化拉伸(Equalization)、平方根拉伸(Square Root)、自定义拉伸(Arbitrary)和自定义查找表拉伸(User Defined LUT),默认拉伸类型为线性拉伸(Linear)。可以通过改变垂直虚线位置来改变影像质量(分段线性拉伸和自定义查找表拉伸除外)。根据右边输出直方图的位置也可以判断影像质量,以"打开 bhtmref.img 文件中 TM Band 1 影像进行线性拉伸"为例,右边垂直虚线向右移动,影像变暗,如图 2-19 所示。分段线性拉伸是通过改变输入直方图对角线左下角和右上角两个"□"的位置来改变影像质量,以"打开 bhtmref.img 文件中 TM Band 3 影像进行分段线性拉伸"为例,左下角"□"向上移动,影像逐渐变亮,如图 2-20 所示。

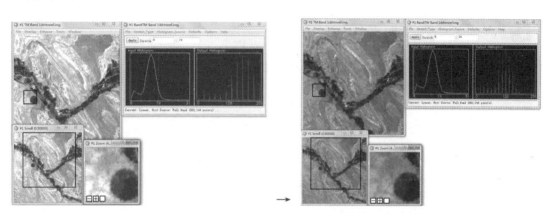

图 2-19　交互式线性拉伸

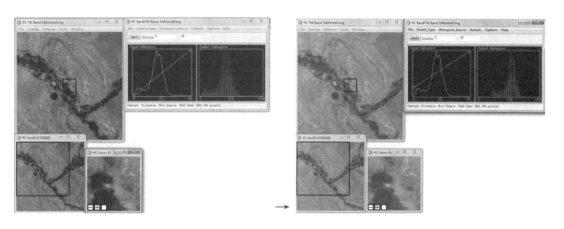

图 2-20　交互式分段线性拉伸

五、直方图匹配

将两影像(灰阶或彩色均可,影像明暗差异越明显越好)打开并显示,在"Display ♯1"窗口打开"bhtmref.img"文件中的"TM Band 1"影像,在"Display ♯2"窗口打开"TM Band 4"影像,如图 2-21 所示。通过对比,很容易看出"TM Band 4"影像比"TM Band 1"影像暗,可

以用"TM Band 1"影像去匹配"TM Band 4"影像(也可以用暗的影像去匹配亮的影像)。在要匹配的"TM Band 4"影像主影像窗口中选择"Enhance"→"Histogram Matching...",然后在弹出的窗口中单击左下角"OK"按钮即可,如图 2-22 所示。

> **注意:**
>
> 如果打开三个以上影像时,在弹出的窗口中先在"Match To"中选择"Display #n",n 表示要与之匹配的那个影像窗口,再单击左下角"OK"按钮即可。

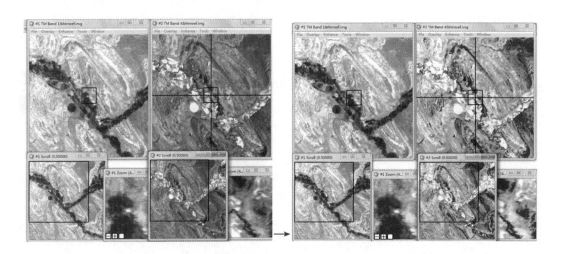

图 2-21　直方图匹配前　　　　　　图 2-22　直方图匹配后

六、颜色表

在 ENVI 主菜单下单击"File"→"Open Image File",选中默认目录下文件名"bhtmref. img",然后单击右下角"打开(O)"按钮,将一灰阶影像打开并显示。在主影像窗口选择"Tools"→"Color Mapping"→"ENVI Color Tables",然后通过"ENVI Color Tables"面板中的"Stretch Bottom"和"Stretch Top"滚动条调整影像明暗程度,通过选择"Color Tables"下的颜色选项选择合适的颜色,如图 2-23 所示。

> **注意:**
>
> 颜色表的使用只能针对灰阶影像,不能对彩色影像使用颜色表功能。

七、动画循环显示

在 ENVI 主菜单下单击"File"→"Open Image File",选中默认目录下文件名"bhtmref. img",然后单击右下角"打开(O)"按钮,将一影像打开并显示。在主影像窗口选择"Tools"→"Animation",在弹出的"Animation Input Parameters"面板中进行参数设置,然

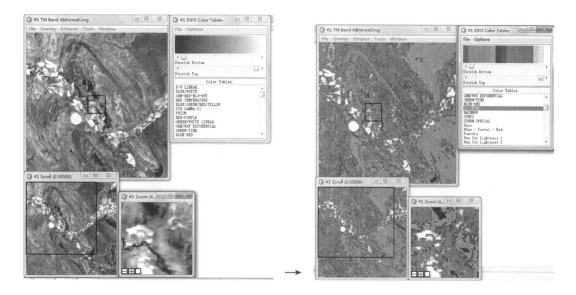

图 2 - 23 颜色表使用前、后的对比

后单击"OK"按钮,在动画显示窗口可通过单击最后一行按键或设置文本框的数字改变动画效果,如图 2 - 24 所示。

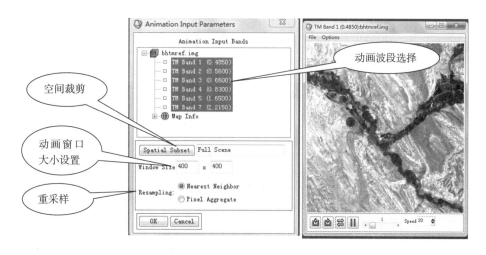

图 2 - 24 动画参数设置

八、动态链接

在 ENVI 主菜单下单击"File"→"Open Image File",选中默认目录下文件名"bhtmref. img",然后单击右下角"打开(O)"按钮,将两不同影像打开并显示。在其中一主影像窗口选择"Tools"→"Link"→"Link Displays...",或在主影像窗口右击选择"Link Displays...",然后在"Link Displays"面板中单击"OK"按钮,再在主影像窗口或缩放窗口中单击鼠标左键即看到变化部分闪烁(注意:不变部分不闪烁)。取消动态链接则在主影像窗口选择"Tools"→"Link"→"Unlink Display"。当打开三个以上影像时,可在"Link

Displays"面板中自定义动态链接参数,如图2-25所示。

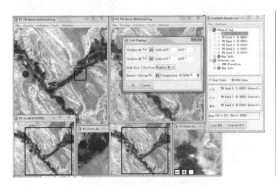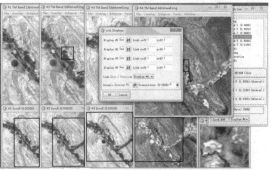

图2-25 动态链接

九、坐标信息的查看

在 ENVI 主菜单下单击"File"→"Open Image File",选中默认目录下文件名"bhtmref.img",然后单击右下角"打开(O)"按钮,再将其真彩色影像打开。在主影像窗口选择"Tools"→"Cursor Location/Value…"(或者在主影像窗口中的任意位置双击鼠标左键或在主影像窗口中的任意位置单击鼠标右键,然后在弹出的对话框中选择"Cursor Location/Value…"),如图2-26所示。"Cursor Location/Value"窗口显示十字光标当前所在位置像元的纵横坐标信息,包括像素坐标(Disp ♯1)、拉伸后的 LUT 值(Scrn)、地图投影信息(Projection)、地图(直角)坐标(Map)、地理坐标(LL,经纬度)、原始 DN 值(Data)等。

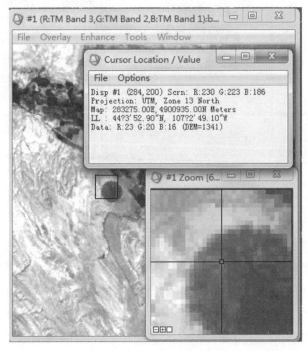

图2-26 坐标信息的查看

十、像素定位器的使用

在 ENVI 主菜单下单击"File"→"Open Image File",选中默认目录下文件名"bhtmref.img",然后单击右下角"打开(O)"按钮,再将其真彩色影像打开。在主影像窗口选择"Tools"→"Pixel Locator…"(或者在主影像窗口中的任意位置单击鼠标右键,然后在弹出的对话框中选择"Pixel Locator…"),如图 2-27 所示。用户可在数据允许范围内,自行输入影像的行列号、直角坐标,或者地理坐标(经纬度坐标,通过单击"Pixel Locator"窗口中间上下双向箭头即可完成从直角坐标切换到地理坐标),然后单击左下角"Apply"按钮,即完成像素定位功能。

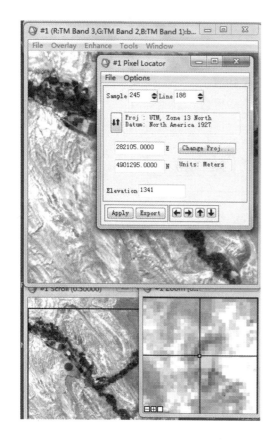
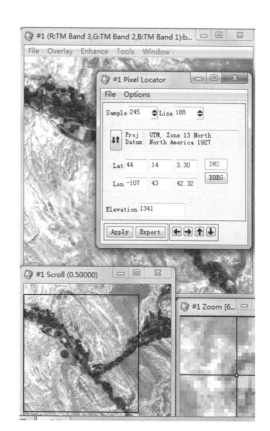

图 2-27　像素定位器的使用

可通过"Pixel Locator"窗口右下角向左、向右、向上、向下四个箭头逐一调整输入影像的行列号、直角坐标、地理坐标;还可通过单击"Change Proj…"按钮改变地图投影、坐标系、单位、投影带号和南、北半球等信息,如图 2-28 所示。

十一、密度分割

在 ENVI 主菜单下单击"File"→"Open Image File",选中默认目录下文件名"bhtmref.img",单击右下角"打开(O)"按钮,将一灰阶影像"TM Band 1"(或者其他波段)打

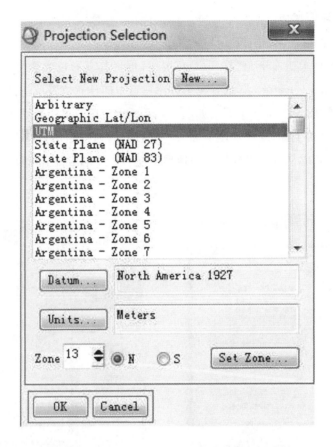

图 2-28　地图投影、坐标系和单位等信息的编辑

开并显示。在主影像窗口选择"Tools"→"Color Mapping"→"Density Slice…",在弹出的"Density Slice Band Choice"对话框中选中"TM Band 1"(或者其他波段),单击"OK"按钮,如图 2-29 所示。在弹出的"♯1 Density Slice"对话框中单击左下角"Apply"按钮即可完成默认分为七类的密度分割,如图 2-30 所示。

在弹出的"♯1 Density Slice"对话框中可以根据最小值和最大值按照任意级数、等比级数或者等差级数设置分类数,然后选中某一类通过单击"Edit Range"按钮设置密度分割范围及其颜色,选中某一类通过单击"Delete Range"按钮删去这一类,通过单击"Clear Ranges"按钮清除所有类别。当增加某一类时,通过单击"♯1 Density Slice"对话框中的"Options"→"Add New Ranges…",在弹出的对话框中分别给"Range Start""Range End""Starting Color"赋值并单击左下角"OK"按钮即可,如图 2-31 所示。

📢 **注意:**
密度分割只能针对单一波段影像,彩色合成影像不能进行密度分割。

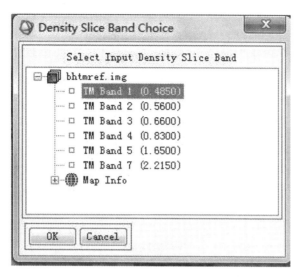

图 2-29　"Density Slice Band Choice"对话框

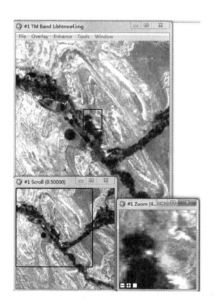

图 2-30　密度分割前、后的对比

图 2-31　密度分割参数设置

十二、矢量叠加

在 ENVI 主菜单下单击"File"→"Open Image File",选中默认目录下文件名"can_tmr.img",然后单击右下角"打开(O)"按钮,在可利用波段中双击"TM Band 1"(或者其他波段),在 ENVI 主菜单下单击"File"→"Open Vector File",双击默认目录下"Vector"文件夹,选中"can_v1.evf""can_v2.evf""can_v3.evf""can_v4.evf"[注意:也可以在右下角对话框中选择其他格式矢量文件扩展名,如 Shapefile(∗ .shp)、DXF(∗ .dxf)等]。单击右下角"打开(O)"按钮,单击"Select All Layers",再单击"Load Selected",在弹出的窗口选中"Display ♯1",单击左下角"OK"按钮即可完成矢量文件在影像上的叠加,如图 2 - 32 所示。

图 2 - 32　矢量文件的叠加

十三、剖面线的显示

地物的剖面线分为 X、Y、Z 三种。在 ENVI 主菜单下单击"File"→"Open Image File",选中默认目录下文件名"bhtmref.img",单击右下角"打开(O)"按钮,将一灰阶或彩色影像打开并显示。下面以打开"TM Band 1"影像为例,在主影像窗口分别选择"Tools"→"Profiles"→"X Profile...""Tools"→"Profiles"→"Y Profile...""Tools"→"Profiles"→"Z Profile(Spectrum)..."[也可以在主影像中任意位置右击,然后选择"Z Profile(Spectrum)..."],如图 2 - 33 所示。

🔊 **注意:**
彩色影像地物的 X、Y 剖面线分别对应相应波段,有红色、绿色和蓝色三条。

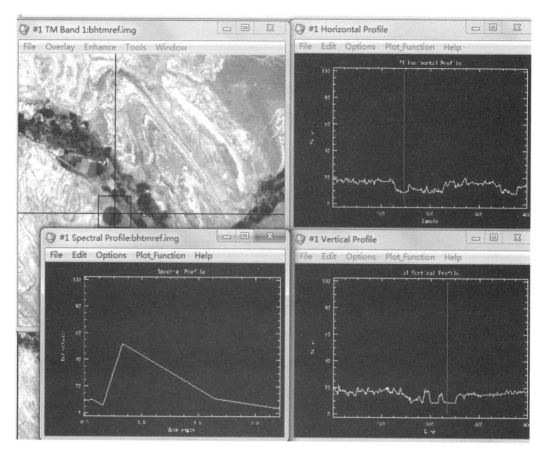

图 2-33　X、Y、Z 剖面线

十四、2D Scatter Plots(2D 散点图)

在 ENVI 主菜单下单击"File"→"Open Image File",选中默认目录下文件名"bhtmref. img",单击右下角"打开(O)"按钮,将一灰阶或彩色影像打开并显示。下面以打开标准假彩色影像(即"432 波段")为例,在主影像窗口选择"Tools"→"2D Scatter Plots...",弹出"Scatter Plot Band Choice"对话框,在"Choose Band X"文本框中选择"TM Band 1"(也可选择其他波段),在"Choose Band Y"文本框中选择"TM Band 2"(也可选择其他波段),单击"OK"按钮得到 2D 散点图,如图 2-34 所示。

十五、影像统计/分析

影像统计可以生成影像文件的统计报告、直方图、平均波谱、特征值以及其他统计信息。包括一般统计计算和空间统计计算两种。一般统计计算可计算单波段或多波段影像的最大值、最小值、平均值、标准差、协方差、相关性和直方图统计,可以以文件形式输出。空间统计计算可计算影像的空间自相关和半方差,还可计算每个像元的最邻近像元或统计多个可分离性像元的自相关值并生成相关图。

在 ENVI 主菜单下单击"File"→"Open Image File",选中默认目录下文件名

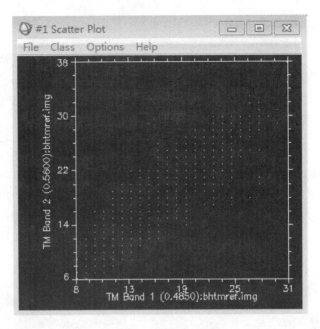

图 2-34　2D 散点图

"bhtmref. img",单击右下角"打开(O)"按钮。在 ENVI 主菜单下单击"Basic Tools"→"Statistics"→"Compute Statistics",弹出"Compute Statistics Input File"对话框,在"Select Input File"文本框中选择"bhtmref. img",其他参数默认,单击"OK"按钮得到"Compute Statistics Parameters"对话框,再"☑"选"Basic Stats""Histograms""Covariance""Covariance Image",其他参数默认,单击"OK"按钮执行统计分析。统计过程如图 2-35 所示,统计结果如图 2-36 所示。

图 2-35　统计过程

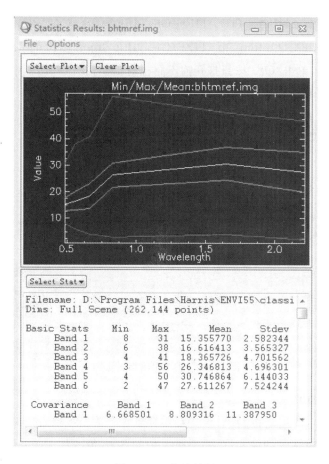

图 2-36　统计结果

快速统计功能（Quick Stats）：在可用波段列表中右击要打开影像的文件名"bhtmref.img"或任意波段名（例如"TM Band 2"），再选择"Quick Stats..."即完成整个影像文件或波段的统计/分析。

十六、数据的输出

在 ENVI 中，为了提高处理速度，会将输入的任何数据格式经过处理后生成 ENVI 自己的格式。虽然很多处理过程在影像输出对话框中可以修改为其他后缀名，如".tif"".ntf"".jp2"等，实际输出的影像还是 ENVI 标准栅格格式。输出其他栅格格式可以选择两种方式：主菜单和 Display 显示窗口。

在 ENVI 主菜单下单击"File"→"Open Image File"，选中默认目录下文件名"bhtmref.img"，然后单击右下角"打开（O）"按钮，弹出可用波段列表。在可用波段列表中右击要打开影像的文件名"bhtmref.img"，选择"Load True Color"，完成真彩色影像的加载。

1. 主菜单

在 ENVI 主菜单下单击"File"→"Save File As"→选择相应的输出格式（如：ENVI Standard、ENVI Meta、ArcView Raster、ArcGIS Geodatabase、ASCII、ER Mapper、ERDAS

IMAGINE、JPEG2000、NITF、PCI、TIFF/GeoTIFF、CIB、CADRG，这里选择 TIFF/GeoTIFF），在弹出的"Output to TIFF/GeoTIFF Input Filename"对话框中选择"bhtmref.img"文件，单击"OK"按钮打开输出路径对话框，在该对话框中选择输出路径并提供输出文件名，最后单击"OK"即完成影像输出，如图 2-37 所示。

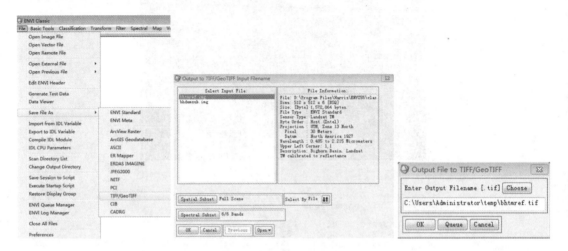

图 2-37　主菜单输出过程图

2. Display 显示窗口

Display 显示窗口输出是将 Display 中显示样式保存为三波段合成彩色影像或者单波段的灰阶影像，输出影像文件的像元值是 Display 中的 Scrn 值。将 Display 窗口中经过增强处理显示的效果图保存为影像文件，有两种保存方式：保存整个影像和保存缩放窗口中的影像。

（1）保存整个影像。在 Display 窗口下单击"File"→"Save Image As"→"Image File"，弹出"Output Display to Image File"对话框，在对话框中可选择性调整参数：彩色清晰度［Resolution，选择 24-bit Color(BSQ) 或者 24-bit Color(BIL) 或者 24-bit Color(BIP) 或者 8-bit(gray scale)］、调整影像大小(Input Image Resize Factor，一个浮点型的缩放系数)、输出格式(Output File Type，如：ENVI、BMP、HDF、JPEG、JPEG2000、NITF、PICT、PNG、SRF、TIFF/GeoTIFF、SWD、ERDAS IMAGINE、ER Mapper、PCI、ArcView 等)。选择性调整参数后，在对话框中选择输出路径并提供输出文件名，最后单击"OK"即完成真彩色影像输出，如图 2-38 所示。

（2）保存缩放窗口中的影像。在 Display 窗口下单击"File"→"Save Zoom As"→"Image File"，弹出"Output Zoom to Image File"对话框，在对话框中可选择性调整参数：彩色清晰度［Resolution，选择 24-bit Color(BTP) 或者 24-bit Color(BIL) 或者 24-bit Color(BIP) 或者 8-bit(gray scale)］和输出格式(Output File Type，如：ENVI、BMP、HDF、JPEG、JPEG2000、NITF、PICT、PNG、SRF、TIFF/GeoTIFF、SWD、ERDAS IMAGINE、ER Mapper、PCI、ArcView 等)。选择性调整参数后，在对话框中选择输出路径并提供输出文件

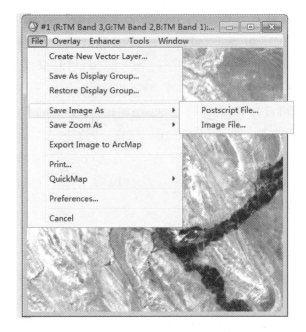

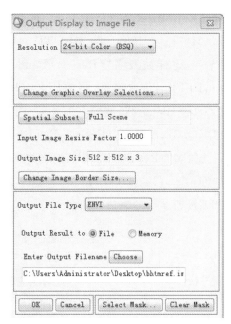

图 2 - 38　保存整个影像输出过程

名,最后单击"OK"即完成缩放窗口影像输出,如图 2 - 39 所示。

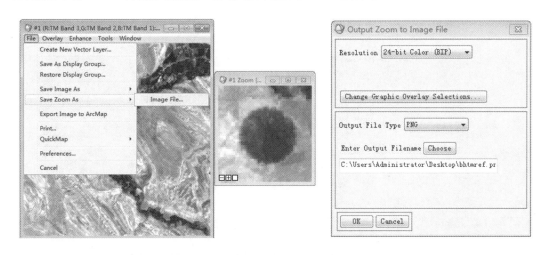

图 2 - 39　保存缩放窗口中的影像输出过程

十七、波段名的修改

在实际影像处理或实验操作过程中,每操作一步都会在保存的数据波段名前增加相应操作前缀,若干次操作后导致文件波段名很长,使用不方便,这就要求实验者学会修改波段名。

在 ENVI 主菜单单击"File"→"Open Image File",选中"C:\Users\Administrator\Desktop\练习数据\2\层的叠加"目录下文件名"layer. img",然后单击右下角"打开(O)"按钮,弹出可用波段列表,如图 2 - 40 所示。首先在可用波段列表中右击文件名"layer"选择"Edit Header…",然后在弹出的对话框中单击"Edit Attributes"并选择"Band Names…",

弹出"Edit Band Name values"对话框,在该对话框中选中波段名"(Resize(band 1:L71121037_03719991023_B10. TIF):b1)",在"Edit Selected Item:"框中输入"band 1"并敲回车键,这样波段名"(Resize(Band 1:L71121037_03719991023_B10. TIF):b1)"就改为"band 1"了。依次类推,将波段名"(Resize(Band 1:L71121037_03719991023_B20. TIF):b2)"改为"Band 2";波段名"(Resize(Band 1:L71121037_03719991023_B30. TIF):b3)"改为"Band 3";波段名"(Resize(Band 1:L71121037_03719991023_B40. TIF):b4)"改为"Band 4";波段名"(Resize(Band 1:L71121037_03719991023_B50. TIF):b5)"改为"Band 5";波段名"(Resize(Band 1:L72121037_03719991023_B70. TIF):b6)"改为"Band 7",最后单击"OK"按钮 2 次即完成波段名的修改,如图 2-41 所示。

图 2-40　layer 文件波段名

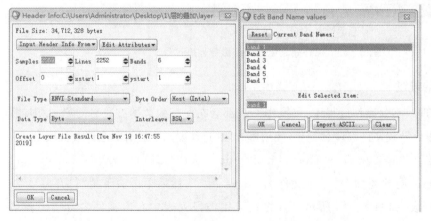

图 2-41　波段名的修改

十八、波长信息的添加

在实际影像处理或实验操作过程中,特别是在一些定量计算中往往要求影像要有波长信息,而实际影像中却没有波长信息,可通过影像追溯到卫星传感器,查询到相关影像的波长信息并将其添加到影像中。此次操作以上述修改波段名后的文件"layer. img"为数据,通过查询可知,影像"layer. img"中的 band 1、Band 2、Band 3、Band 4、Band 5、Band 7 的波长分别为 $0.485\mu m$、$0.56\mu m$、$0.66\mu m$、$0.83\mu m$、$1.65\mu m$、$2.215\mu m$。

首先在可用波段列表中右击文件名"layer"选择"Edit Header…",然后在弹出的对话框中单击"Edit Attributes"并选择"Wavelengths…",弹出"Edit Wavelength values"对话框,在该对话框中选中波段名"band 1",在"Edit Selected Item:"框中输入"0.485"并敲回车键,在"Wavelength / FWHM Units:"框中选择"Micrometers",这样"band 1"波段就有了波长信息。依次类推,选中波段名"Band 2",在"Edit Selected Item:"框中输入"0.56"并敲回车键;选中波段名"Band 3",在"Edit Selected Item:"框中输入"0.66"并敲回车键;选中波段名"Band 4",在"Edit Selected Item:"框中输入"0.83"并敲回车键;选中波段名"Band 5",在"Edit Selected Item:"框中输入"1.65"并敲回车键;选中波段名"Band 7",在"Edit Selected Item:"框中输入"2.215"并敲回车键,最后单击"OK"按钮2次即完成波长信息的添加,如图2-42所示。

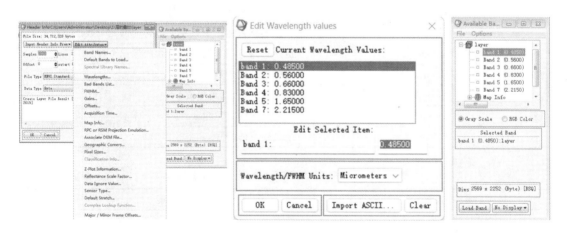

图 2-42　波长信息的添加

十九、感兴趣区的建立

在 ENVI 主菜单下单击"File"→"Open Image File",选中默认目录下文件名"bhtmref. img",单击右下角"打开(O)"按钮,将一灰阶或彩色影像打开并显示。下面以"打开标准假彩色影像"为例,在主影像窗口选择"Overlay"→"Region of Interest…";或者在主影像窗口选择"Tools"→"Region of Interest"→"ROI Tool…";或者在主影像窗口任意位置右击鼠标,然后选择"ROI Tool…",均可弹出"♯1 ROI Tool"对话框,如图2-43所示。感兴趣区建立窗口可以在"主影像窗口""滚动窗口""缩放窗口"之间自由选择,默认的窗口是"主

影像窗口"。"♯1 ROI Tool"对话框由二维表、功能按钮和菜单命令组成,其具体含义和功能描述见表 2-1、表 2-2 和表 2-3,建立感兴趣区过程中的鼠标按钮对应功能见表 2-4。

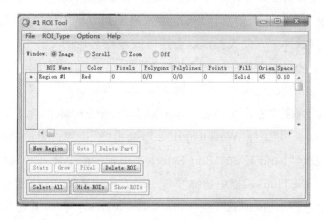

图 2-43 "♯1 ROI Tool"对话框

表 2-1 ♯1 ROI Tool 对话框二维表中的字段及其含义

字段	含义
ROI Name	感兴趣区名称,左键双击对应单元格可修改
Color	感兴趣区颜色,右击可更改其他颜色
Pixels	某一类感兴趣区包含的像元个数
Polygons	多边形感兴趣区个数及所包含的像元个数
Polylines	折线感兴趣区个数及所包含的像元个数
Points	点感兴趣区个数
Fill	填充样式,右击可更改
Orien	填充图案的方位角
Space	填充图案的间隔

表 2-2 ♯1 ROI Tool 对话框功能按钮及其功能

按钮	功能
New Region	新建一个感兴趣区
Goto	定位感兴趣区中的单个要素
Delete Part	删除感兴趣区中的单个要素
Stats	统计感兴趣区覆盖的像元
Grow	根据一定阈值"增长"法获得感兴趣区
Pixel	将其他类型的感兴趣区变成像素点类型的感兴趣区
Delete ROI	删除感兴趣区
Select All	选择所有感兴趣区
Hide ROIs	隐藏感兴趣区
Show ROIs	显示感兴趣区

表2-3　♯1 ROI Tool 对话框菜单命令及其功能

菜单命令	功能
File	文件
Save ROIs	保存感兴趣区为文件(.roi)
Restore ROIs	打开感兴趣区文件
Subset Data via ROIs	用感兴趣区裁剪数据
Export ROIs to EVF	将感兴趣区导出为矢量
Export ROIs to Shapefile	将感兴趣区导出为 Shapefile 文件
Export ROIs to n-D Visualizer	将感兴趣区导入 n 维可视化器中浏览
Output ROIs to ASCII	保存感兴趣区为 ASCII 文件
Cancel	取消
ROI_Type	感兴趣区类型
Polygon	多边形
Polyline	折线
Point	点
Rectangle	矩形
Ellipse	椭圆
Multi Part:Off	绘制中间不可以带洞的闭合区
Multi Part:On	绘制中间可以带洞的闭合区
Input Point from ASCII	从文本文件中导入点感兴趣区
Options	选项
Calculate Covariance with Stats	根据统计文件计算协方差
Measurement Report	量测感兴趣区[1]
Report Area of ROIs	计算感兴趣区覆盖的面积
Merge Regions	合并感兴趣区
Intersect ROIS via Map	求感兴趣区交集
Reconcile ROIs	协调感兴趣区[2]
Reconcile ROIs via Map	通过地图协调感兴趣区[3]
Band Threshold to ROI	设置阈值从波段中创建感兴趣区
Create Class Image from ROIs	从感兴趣区中创建分类图
Create Buffer Zone from ROIs	从感兴趣区中创建缓冲区
Compute ROI Separability	计算感兴趣区可分离性
Hide Window	隐藏 ROI Tool 对话框

注:[1]在绘制感兴趣区时,实时量测多边形或折线中各节点之间距离以及多边形、矩形和椭圆的周长和面积;[2]把在一幅影像中定义的感兴趣区应用到相同尺寸大小的其他影像上;[3]把在一幅经过地理坐标定位影像中定义的感兴趣区应用到另一幅经过地理坐标定位的影像上,不考虑这两幅影像的尺寸大小和像元大小是否相同。

表 2 - 4　建立感兴趣区过程中的鼠标按钮对应功能

鼠标按钮	功能
左键	定位感兴趣区摆放位置
	对于多边形或折线,添加节点
	对于椭圆或矩形,绘制椭圆和矩形
	按住菱形手柄移动感兴趣区要素
中键	绘制椭圆或矩形时,按住中键绘制的是圆或正方形
	当感兴趣区未被确认时,单击中键删除
	绘制多边形或折线时,单击中键删除最后一个节点
	删除选择的感兴趣区要素
右键	确认完成一个感兴趣区要素的绘制
	对于多边形,单击一次右键,表示闭合多边形;第二次单击,表示确认完成这个多边形要素的绘制
	对于折线,单击一次右键,表示完成最后一个节点;第二次单击,表示确认完成这个折线要素的绘制
	对于点,右键删除这个感兴趣区内所有点

在主影像墨绿色区域内任意画一个多边形,颜色设为蓝色,大小适中,第一次单击右键多边形闭合,第二次单击右键确定多边形,这里按照这种方法画 5 个多边形,如需撤销只需将鼠标放在所画多边形上按中键即可。单击"New Region"按钮,出现第二类,将颜色设为绿色,然后按照上面的方法在主影像红色区域内画 4 个多边形;再单击"New Region"按钮,出现第三类,将颜色设为黄色,然后按照上面的方法在主影像黑色区域内画 3 个多边形,所画感兴趣区如图 2 - 44 所示。按照这种方法可以建立若干类感兴趣区。

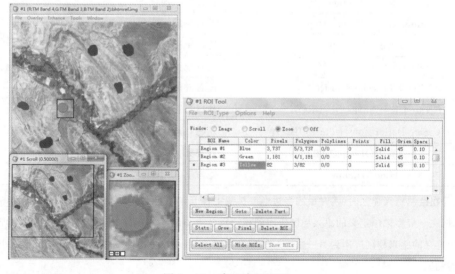

图 2 - 44　建立感兴趣区

思考与练习

1. 加载"bhtmref. img"文件,同时打开其第一波段、第三波段和第四波段影像,然后用第五波段影像去替换第三波段影像,再用第五波段影像来匹配第一波段影像。

2. 加载"can_tmr. img"文件,用两种不同方法加载其真彩色影像和标准假彩色影像。

3. 加载"bhtmref. img"文件,打开其第七波段、第五波段和第四波段合成影像,并且用不同拉伸方法对其拉伸。

4. 加载"can_tmr. img"文件,并对其第七波段、第四波段、第二波段和第一波段进行动画循环显示,窗口大小为 500×300,"Speed"值设为"40"。

5. 加载"can_tmr. img"文件,并对其第三波段影像按照等差级数密度分割为四类,每类颜色自定义。

6. 到地理空间数据云网站下载近期包括自己家乡一景的 Landsat 8 影像:(1)做出多光谱波段影像中的"red"波段与其他波段之间的"2D 散点图";(2)将整个多光谱波段影像输出成"Resolution"为"24 - bit Color(BIP)"的 ENVI 格式文件,文件名以"家乡名"命名;(3)对"家乡名"文件进行影像统计/分析。

7. 加载"can_tmr. img"文件,打开其"543 波段"合成影像,然后在其主影像白色区域画 5 个不重叠的多边形(感兴趣区),"颜色"的值设为"蓝色"。

实验三 注记与网格的基本操作

实验目的

通过本次实验,帮助实验者熟悉并掌握遥感制图过程中地图注记与网格的基本操作。

实验内容

(1)遥感制图注记的基本操作;

(2)遥感制图网格的基本操作。

实验数据

软件自带数据:bhtmref. img,bhtmref. hdr。

实验步骤

双击桌面"ENVI Classic 5.5 (64 - bit)"或"ENVI Classic 5.5 + IDL 8.7 (64 - bit)"图标,或者依次单击"开始"→"所有程序"→"ENVI 5.5"→"Tools"→"ENVI Classic 5.5 (64 - bit)"或"ENVI Classic 5.5 + IDL 8.7 (64 - bit)",启动 ENVI。

一、注记

ENVI 中影像和地图的注记类型包括:文本、符号、矩形、椭圆、多边形、折线、箭头、比例尺、色层表、三北方向图、图例、影像、图表等。注记对话框菜单命令及其功能见表 3 - 1。

表 3 - 1 注记对话框菜单命令及其功能

菜单命令	功能
File	文件
Save Annotation	保存注记文件(. ann)
Restore Annotation	打开注记文件
Cancel	取消

（续表）

菜单命令	功能
Object	注记类型
Text	文本
Symbol	符号
Rectangle	矩形
Ellipse	椭圆
Polygon	多边形
Polyline	折线
Arrow	箭头
Scale Bar	比例尺
Color Ramp	色层表①
Declination	三北方向图
Map Key	图例
Image	影像
Plot	图表
Selection/Edit	选择/编辑
Selected	选择
Join	合并两个多边形的重叠部分
Swap	将下面的注记层调整到最上层
Duplicate	复制
Delete	删除选择注记
Delete All	删除所有注记
Undo	撤销
Select All	选择所有注记
Options	选项
Set Snap Value	设置节点捕捉像素值
Set Display Borders	设置显示窗口虚边框
Turn Mirror On/Off	镜像注记
Show/Hide Object Corners	显示/隐藏注记拐角
Hide Window	隐藏窗口

注：①只有在单波段影像中才显示,多波段合成影像不会出现此项。对于单波段灰阶影像,色层表只是一个从最小灰度值到最大灰度值的灰阶图,对于假彩色影像(如密度分割影像),色层表显示所选择的彩色调色板的分布状态。

在 ENVI 主菜单下单击"File"→"Open Image File",选中默认目录下文件名"bhtmref. img",单击右下角"打开(O)"按钮,将一灰阶或彩色影像打开并显示。下面以打开"TM Band 2"影像为例,在主影像窗口选择"Overlay"→"Annotation...",弹出"注记"对话框,如图 3-1 所示。

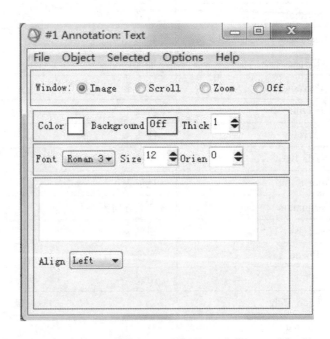

图 3-1　注记对话框

在"注记"对话框中可以通过 Window 窗口选择标注的窗口(主影像窗口、滚动窗口、缩放窗口),设置颜色(Color)、背景颜色(Background)、宽度(Thick)、字体(Font)、大小(Size)、方位(Orien)以及对齐方式(Align)。

1. 文本(Text)

在注记对话框中右击"Color"按钮,选择"Items 1：20"→"Red","Thick"值设为"3","Font"值设为"SimSun"(单击"Roman"→"True Type 101-120"→"SimSun"),"Size"值设为"40","Orien"值设为"0","Align"值设为"Middle";然后在文本框中输入"中国地图",将鼠标指针移至主影像正上方单击鼠标左键,拖住绿色菱形放在合适位置,最后单击鼠标右键确定。按照这种方法输入"黄河","Orien"值设为"60";输入"黄山","Orien"值设为"-45";也可以在文本框中输入字母、数字等内容,如图 3-2 所示。

注意:
　　文本需要修改时只需单击"Object"→"Selection/Edit",然后在标注注记的窗口将需要修改的文本选中,再在注记对话框中的文本框里修改文本注记。

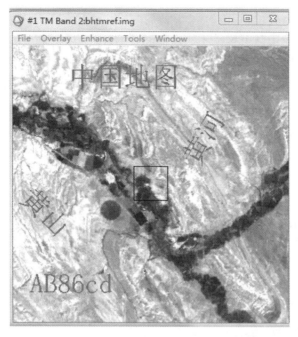

图 3-2　文本注记效果

2. 符号(Symbol)

在注记对话框中单击"Object"→"Symbol",右击"Color"按钮,选择"Items 1∶20"→"Red","Thick"值设为"3","Font"值设为"Misc","Size"值设为"40","Orien"值设为"0";然后在文本框中选择需要的符号,将鼠标指针移至主影像上单击鼠标左键,拖住绿色菱形放在合适位置,最后单击鼠标右键确定,如图 3-3 所示。

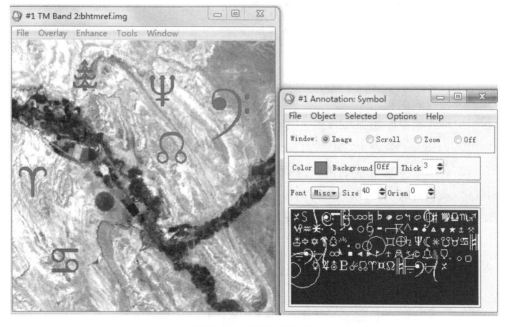

图 3-3　符号注记效果

3. 矩形（Rectangle）

在注记对话框中单击"Object"→"Rectangle"，右击"Color"按钮，选择"Items 1：20"→"Red"，"Background"值设为"Off"，"Thick"值设为"2"，"Fill"（填充）值设为"Line"，"Orien"值设为"45"，"Spc"（填充物间隔）值设为"0.2"，"Line Style"（线型）值设为"Dotted"；然后将鼠标指针移至主影像上单击鼠标左键下拉至合适大小，拖住绿色菱形放在合适位置，"Rotation"（旋转）值设为"45"（需要敲"Enter"键才能改变），最后单击鼠标右键确定。也可以在注记对话框中设置"xsize"和"ysize"值自定义矩形大小，如图 3－4 所示。

> **注意：**
> 画正方形时，只需将鼠标放在主影像上单击中键下拉至合适大小。

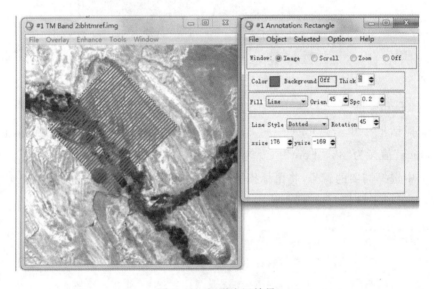

图 3－4　矩形注记效果

4. 椭圆（Ellipse）

在注记对话框中单击"Object"→"Ellipse"，右击"Color"按钮，选择"Items 1：20"→"Red"，"Background"值设为"Off"，"Thick"值设为"2"，"Fill"（填充）值设为"Line"，"Orien"值设为"45"，"Spc"（填充物间隔）值设为"0.3"，"Line Style"（线型）值设为"Solid"，"Rotation"（旋转）值设为"0"；然后将鼠标指针移至主影像上单击鼠标左键下拉至合适大小，拖住绿色菱形放在合适位置，最后单击鼠标右键确定。也可以在注记对话框中设置"xsize"和"ysize"值自定义椭圆大小，如图 3－5 所示。

> **注意：**
> 画圆时，只需将鼠标放在主影像上单击中键下拉至合适大小。

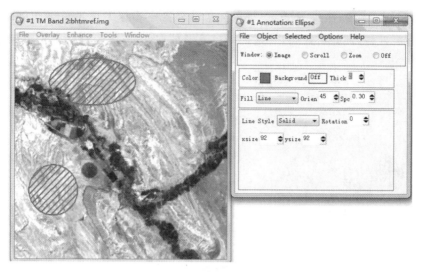

图 3 - 5　椭圆注记效果

5. 多边形(Polygon)

在注记对话框中单击"Object"→"Polygon",右击"Color"按钮,选择"Items 1∶20"→"Red","Background"值设为"Off","Thick"值设为"2","Fill"(填充)值设为"Line","Orien"值设为"45","Spc"(填充物间隔)值设为"0.3","Line Style"(线型)值设为"Solid","Rotation"(旋转)值设为"0"。将鼠标指针移至主影像上单击鼠标左键画一任意多边形,再单击鼠标左键,此时多边形闭合,拖住绿色菱形放在合适位置,最后单击鼠标右键确定,如图 3-6 所示。

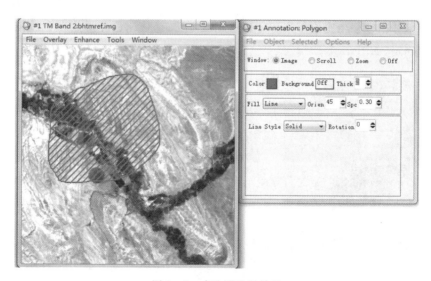

图 3 - 6　多边形注记效果

6. 折线(Polyline)

在注记对话框中单击"Object"→"Polyline",右击"Color"按钮,选择"Items 1∶20"→"Red","Background"值设为"Off","Thick"值设为"2","Line Style"(线型)值设为"Dash -

Dot","Rotation"（旋转）值设为"0"。将鼠标指针移至主影像上单击鼠标左键画一任意折线，再单击鼠标左键，此时折线终止，拖住绿色菱形放在合适位置，最后单击鼠标右键确定，如图3-7所示。

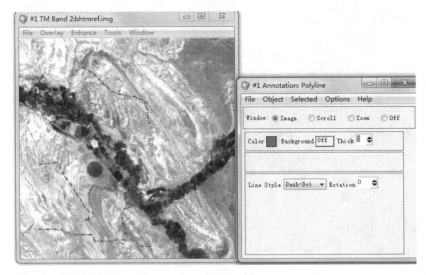

图3-7　折线注记效果

7. 箭头（Arrow）

在注记对话框中单击"Object"→"Arrow"，右击"Color"按钮，选择"Items 1：20"→"Red"，"Background"值设为"Off"，"Thick"值设为"2"，"Fill"（填充）值设为"Line"，"Orien"值设为"45"，"Spc"（填充物间隔）值设为"0.2"，"Head Size"值设为"42"，"Head Angle"值设为"42"。将鼠标指针移至主影像上单击鼠标左键下拉，拖住绿色菱形放在合适位置，最后单击鼠标右键确定，如图3-8所示。

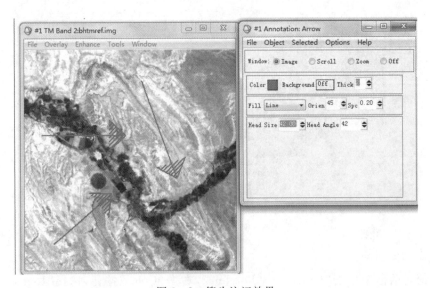

图3-8　箭头注记效果

8. 比例尺(Scale Bar)

在注记对话框中单击"Object"→"Scale Bar",右击"Color"按钮,选择"Items 1∶20"→"Red","Background"值设为"Off","Thick"值设为"2","Font"值设为"SimSun","Size"值设为"30","Scale"值设为"Km","Orien"值设为"0","Height"值设为"20","Length"值设为"6","Inc"值设为"6","Sub Inc"值设为"10"。将鼠标指针移至主影像上单击鼠标左键,拖住红色菱形放在合适位置,最后单击鼠标右键确定,如图 3 - 9 所示。

注意:

通常"Length"值为"Inc"值的整数倍,"Sub Inc"值一般设为"10"或"5"(只有两种)。

如果将直线比例尺中的单位"Kilometers"改为单位"km",首先在注记对话框中单击"Change Scale Bar Titles...",弹出"Scale Bar Distance Titles"对话框,然后将对话框中"Kilometers"改为"km",再单击"OK"按钮即可,如图 3 - 10 所示。其他比例尺单位修改方法类似(如:单位"Meters"改为单位"m")。

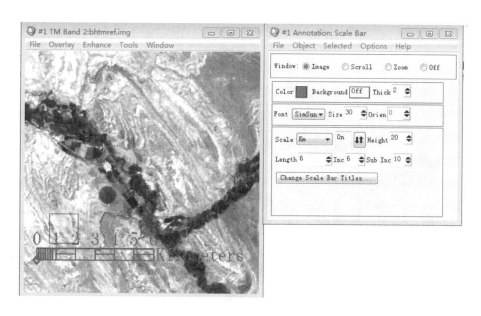

图 3 - 9 比例尺注记效果图

两种不同单位的直线比例尺直接转换方法:这里以"km"改为"m"为例进行介绍(事先一定要按照上述方法将直线比例尺中的单位"Kilometers"改为单位"km",单位"Meters"改为单位"m"),在上述比例尺对话框中,首先单击"↓↑"按钮(此时"On"改为"Off"状态),然后单击"Scale"右侧的"Km"并选中"Meters",再单击"↓↑"按钮(此时"Off"改为"On"状态),最后将"Size"值设为"20"、"Length"值设为"6 000"、"Inc"值设为"4"("Size"值和"Inc"值变小主要是为了直线比例尺在图中显示完整和布局合理),如图 3 - 11 所示。

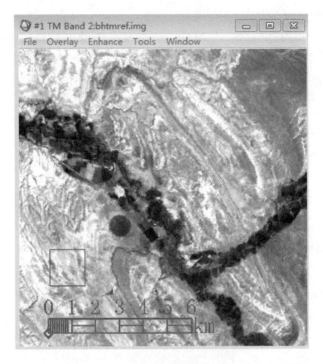

图 3-10　单位"Kilometers"改为"km"

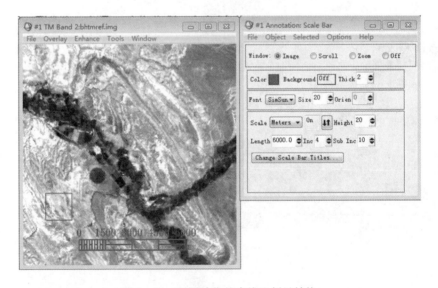

图 3-11　不同单位的直线比例尺转换

9. 色层表(Color Ramp)

在注记对话框中单击"Object"→"Color Ramp",右击"Color"按钮,选择"Items 1：20"→"Red","Background"值设为"Off","Thick"值设为"2","Font"值设为"SimSun","Size"值设为"40","Orien"值设为"0","Ramp"值设为"Vert ->"(这里有四个选项,可水平或垂直放置,根据需要自由选择),"Width"值设为"25","Len"值设为"200","Min"值设为"0","Max"

值设为"100"，"Inc"值设为"5"；然后将鼠标指针移至主影像上单击鼠标左键，拖住红色菱形放在合适位置，最后单击鼠标右键确定，如图3-12所示。

注意：

"Min"和"Max"值也可以单击"Calculate Min/Max..."按钮，再选择波段文件自行计算。

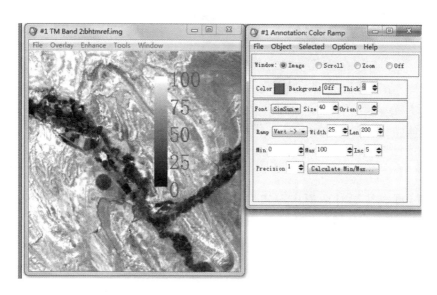

图3-12　色层表注记效果

10. 三北方向图（Declination）

在注记对话框中单击"Object"→"Declination"，右击"Color"按钮，选择"Items 1：20"→"Red"，"Background"值设为"Off"，"Thick"值设为"1"，"Font"值设为"Roman 1"（字体如果设为汉字字体，图中度的符号"°"就不会出现），"Size"值设为"30"，"Orien"值设为"0"，"Length"值设为"200"，"True North"（真北方向）值设为"0"，"Grid North"（坐标北方向）值设为"1"，"Magnetic North"（磁北方向）值设为"-1"；然后将鼠标指针移至主影像上单击鼠标左键，拖住红色菱形放在合适位置，最后单击鼠标右键确定，如图3-13所示。

注意：

三北方向（真北方向、坐标北方向、磁北方向）东偏为正，西偏为负，居中的那个其角值设为"0"。

11. 图例（Map Key）

在注记对话框中单击"Object"→"Map Key"，右击"Color"按钮，选择"Items 1：20"→"Red"，"Background"值设为"Off"，"Thick"值设为"2"，"Font"值设为"SimSun"，"Size"值设为"40"，"Orien"值设为"0"；然后将鼠标指针移至主影像上单击鼠标左键，拖住红色菱形放

遥感原理与应用实验教程

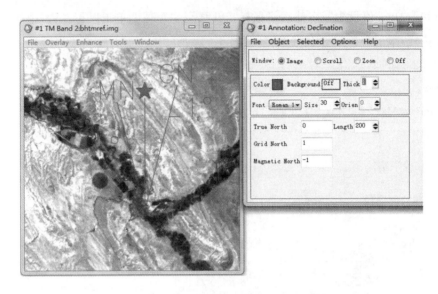

图 3 - 13　三北方向图注记效果

在合适位置,再在注记对话框中单击"Edit Map Key Items…"按钮编辑修改类别名称(Name)、颜色(Color)、增加类别(Add Item)、删除类别(Delete Item)、图案(Fill、Orien、Space)等,最后单击鼠标右键确定,如图 3 - 14 所示。

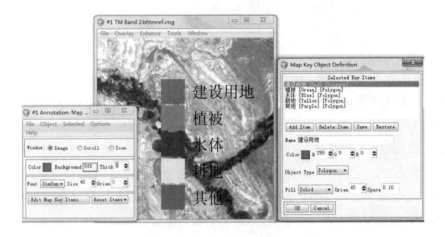

图 3 - 14　图例注记效果

12. 影像(Image)

在注记对话框中单击"Object"→"Image",单击左下角"Select New Image"按钮,在弹出的"Annotation Image Input Bands"窗口依次选中"TM Band 5""TM Band 4""TM Band 3",单击左下角"Spatial Subset"按钮;在弹出的"Select Spatial Subset"窗口单击中间"Image"按钮,再在弹出的"Subset by Image"窗口调整红色矩形框大小,放到感兴趣的地方,单击左下角"OK"按钮(三次);然后将鼠标指针移至主影像上单击鼠标左键,拖住绿色菱形放在合适

· 58 ·

位置,最后单击鼠标右键确定,如图 3－15 所示。

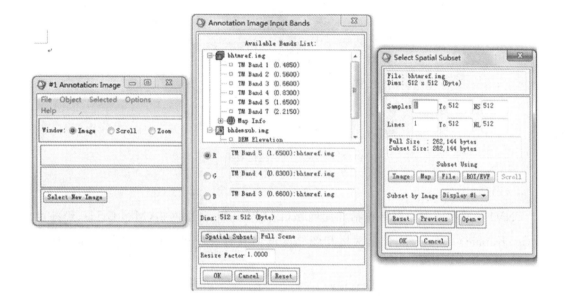

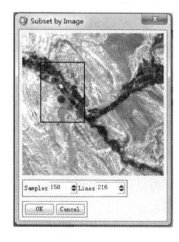
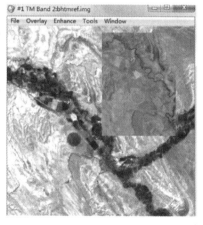

图 3－15 影像注记效果

13. 图表(Plot)

在注记对话框中单击"Object"→"Plot",给左下角"Plot xsize(pixels)"和"Plot ysize(pixels)"各赋值"100";然后将鼠标指针移至主影像上单击鼠标左键,拖住红色菱形放在合适位置,最后单击鼠标右键确定,如图 3－16 所示。

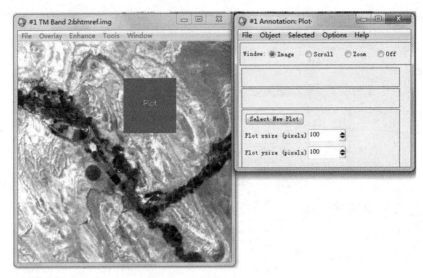

图 3-16　图表注记效果

二、网格

ENVI遥感制图中的网格包括像元网格（Pixel Grid）、公里网格（Map Grid）、经纬度网格（Geographic Grid）三种，公里网格和经纬度网格只有在所提供的影像有地理坐标时才显示。

在 ENVI 主菜单下单击"File"→"Open Image File"，选中默认目录下文件名"bhtmref.img"，单击右下角"打开（O）"按钮，将一灰阶或彩色影像打开并显示。下面以打开"TM Band 1"影像为例，在主影像窗口选择"Overlay"→"Grid Lines..."，弹出网格对话框。注意：当影像有地理坐标时，默认打开的是公里网格和经纬度网格，像元网格是关闭的，如图3-17所示。

图 3-17　网格对话框

1. 像元网格(Pixel Grid)

在"Grid Line Parameters"对话框中将"Pixel Grid"值设为"On"(单击"Pixel Grid"框右边上下双向箭头即可),"Grid Spacing"值设为"100 Pixels",将"Map Grid"和"Geographic Grid"值设为"Off",最后单击"Grid Line Parameters"对话框左下角"Apply"按钮,如图3-18所示。在"Grid Line Parameters"对话框中单击"Options"→"Edit Pixel Grid Attributes...",对像元网格属性进行编辑修改,弹出"Edit Pixel Attributes"对话框,并将"LABELS"(数字标签)的颜色设为"蓝色","Thick"值都设为"2","字号"设为"16","LINES"(线条)的颜色设为"黄色","BOX"(边界)的颜色设为"绿色","CORNERS"(拐角)的颜色设为"红色",如图3-19所示。单击"Edit Pixel Attributes"对话框左下角"OK"按钮完成属性编辑,然后单击"Grid Line Parameters"对话框左下角"Apply"按钮得到修改后的像元网格,如图3-20所示。

对于初学者来说,在编辑修改"LABELS""LINES""BOX""CORNERS"属性时,建议每次修改一个属性,然后运用,这样有助于真正理解这些属性的含义。"LABELS""LINES""BOX""CORNERS"属性若要单个显示时,只需单击其他不显示属性右边的上下双向箭头,使其值由"On"变为"Off"即可。"Grid Line Parameters"对话框中的"X-axis Labels"和"Y-axis Labels"中的"H"表示数字注记是水平的,"V"表示数字注记是垂直的。

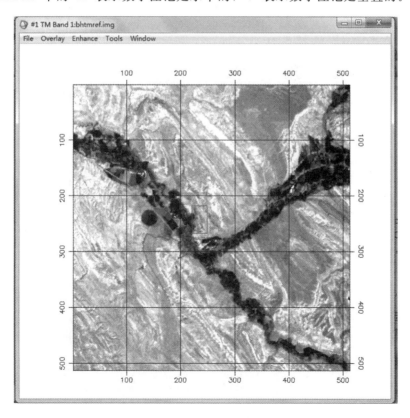

图3-18　像元网格

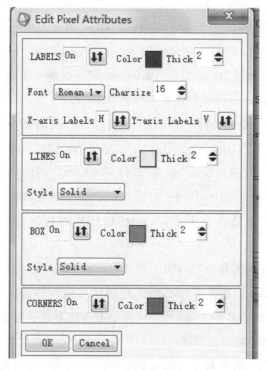

图 3-19　属性编辑

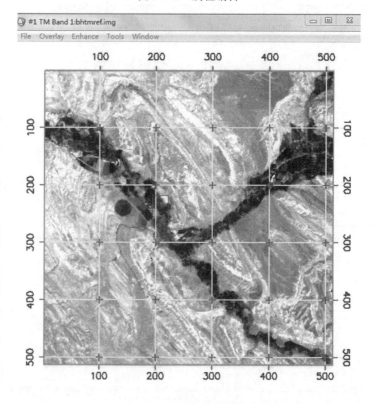

图 3-20　像元网格编辑后效果

2. 公里网格(Map Grid)

在"Grid Line Parameters"对话框中将"Map Grid"值设为"On","Grid Spacing"值设为"3 000 Units",将"Pixel Grid"和"Geographic Grid"值设为"Off",最后单击"Grid Line Parameters"对话框左下角"Apply"按钮,如图3-21所示。在"Grid Line Parameters"对话框中单击"Options"→"Edit Map Grid Attributes…",对公里网格属性进行编辑修改,弹出"Edit Map Attributes"对话框,并将"LABELS"的颜色设为"蓝色","Thick"值都设为"2","字号"设为"16","LINES"的颜色设为"黄色","BOX"的颜色设为"绿色","CORNERS"的颜色设为"红色",如图3-22所示。单击"Edit Map Attributes"对话框左下角"OK"按钮完

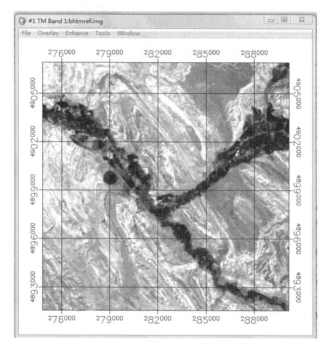

图3-21 公里网格

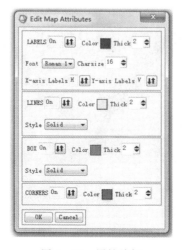

图3-22 属性编辑

成属性编辑,然后单击"Grid Line Parameters"对话框左下角"Apply"按钮得到修改后的公里网格,如图 3 - 23 所示。

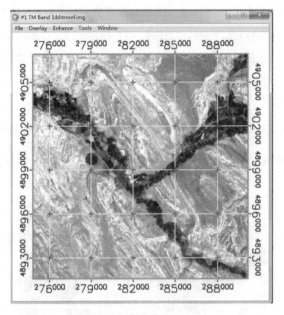

图 3 - 23　公里网格编辑后效果

3. 经纬度网格(Geographic Grid)

在"Grid Line Parameters"对话框中将"Geographic Grid"值设为"On","Spacing"值设为"0°2′30.00″″",将"Pixel Grid"和"Map Grid"值设为"Off",最后单击"Grid Line Parameters"对话框左下角"Apply"按钮,如图 3 - 24 所示。在"Grid Line Parameters"对话框中单击"Options"→"Edit Geographic Grid Attributes…",对经纬度网格属性进行编辑修

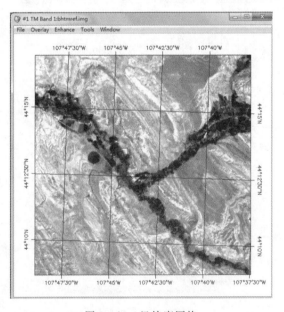

图 3 - 24　经纬度网格

改,弹出"Edit Geographic Attributes"对话框,并将"LABELS"的颜色设为"蓝色","Thick"值都设为"2","字号"设为"16","LINES"的颜色设为"黄色","BOX"的颜色设为"绿色","CORNERS"的颜色设为"红色",如图3-25所示。单击"Edit Geographic Attributes"对话框左下角"OK"按钮完成属性编辑,然后单击"Grid Line Parameters"对话框左下角"Apply"按钮得到修改后的经纬度网格,如图3-26所示。

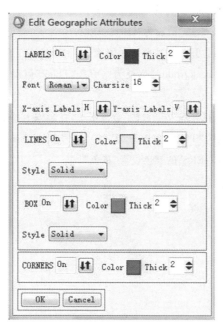

图3-25　属性编辑

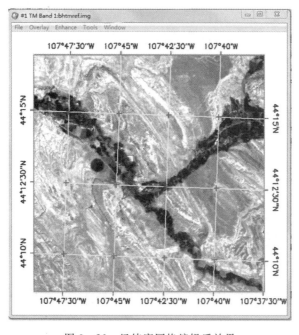

图3-26　经纬度网格编辑后效果

思考与练习

1. 加载"can_tmr. img"文件,打开其第四波段影像,在主影像正上方输入"Canon City","Thick"值设为"2","Font"值设为"FangSong"(仿宋),"Size"值设为"50","Orien"值设为"0","Align"值设为"Middle"。

2. 加载"can_tmr. img"文件,打开其第二波段影像,在主影像中间分别画一个圆和正方形,大小适中,"颜色"的值设为"紫色","Background"值设为"Off","Thick"值设为"2","Fill"值设为"Line","Orien"值设为"45","Spc"值设为"0. 2","Line Style"值设为"Dash - Dot"。

3. 加载"can_tmr. img"文件,打开其标准假彩色影像,在主影像右下角放个图例,由植被(绿色)、沙地(白色)和其他(黄色)三类构成,"Background"值设为"Off","Thick"值设为"2","Font"值设为"SimSun","Size"值设为"20","Orien"值设为"0"。

4. 加载"bhtmref. img"文件,打开其"754 波段"合成影像,在影像上添加经纬网,经纬网间隔为 2 分 20 秒,"LABELS"的颜色设为"蓝色","Thick"值都设为"2","字号"设为"15","LINES"的颜色设为"红色","BOX"的颜色设为"黑色","CORNERS"的颜色设为"黄色"。

实验四 辐射定标与大气校正

以 Landsat 8 数据为例,通过本次实验,帮助实验者熟练掌握 Landsat 8 影像的辐射定标、大气校正、快速大气校正等基本操作。

实验内容

(1)辐射定标;

(2)大气校正;

(3)快速大气校正。

实验数据

练习数据:1-大气校正(LC81210372014121LGN00_B1. TIF,

LC81210372014121LGN00_B1. TIF. enp;LC81210372014121LGN00_B2. TIF,

LC81210372014121LGN00_B2. TIF. enp;LC81210372014121LGN00_B3. TIF,

LC81210372014121LGN00_B3. TIF. enp;LC81210372014121LGN00_B4. TIF,

LC81210372014121LGN00_B4. TIF. enp;LC81210372014121LGN00_B5. TIF,

LC81210372014121LGN00_B5. TIF. enp;LC81210372014121LGN00_B6. TIF,

LC81210372014121LGN00_B6. TIF. enp;LC81210372014121LGN00_B7. TIF,

LC81210372014121LGN00_B7. TIF. enp;LC81210372014121LGN00_B8. TIF,

LC81210372014121LGN00_B8. TIF. enp;LC81210372014121LGN00_B9. TIF;

LC81210372014121LGN00_B10. TIF;LC81210372014121LGN00_B11. TIF;

LC81210372014121LGN00_BQA. TIF;LC81210372014121LGN00_MTL. txt)。

实验步骤

双击桌面"ENVI 5.5 (64 - bit)"或"ENVI 5.5 + IDL 8.7 (64 - bit)"图标,或者依次单

击"开始"→"所有程序"→"ENVI 5.5"→"64 – bit"→"ENVI 5.5（64 – bit）"或"ENVI 5.5 ＋ IDL 8.7（64 – bit）"，启动 ENVI。

一、辐射定标

在 ENVI 主界面中，单击"File"→"Open…"，选中"C：\Users\Administrator\Desktop\ 练习数据\1\大气校正"目录下文件名"LC81210372014121LGN00_MTL.txt"，然后单击右 下角"打开（O）"按钮，弹出真彩色影像，如图 4 – 1 所示。

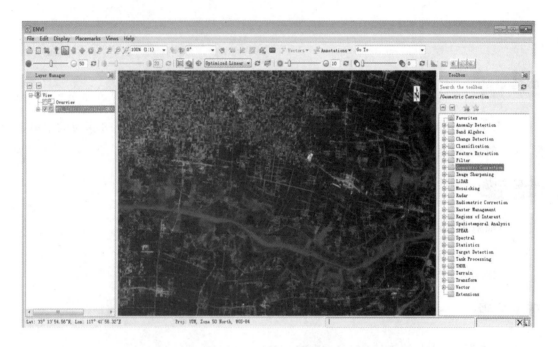

图 4 – 1　加载元数据文件

在 ENVI 主界面中单击"（Data Manager）"按钮，发现 ENVI 根据波长自动将数据分 为 5 个数据集：多光谱数据（MultiSpectral，第一波段至第七波段），全色波段数据 （Panchromatic，第八波段），卷云波段数据（Cirrus，第九波段），热红外波段数据（Thermal，第 十波段和第十一波段）和质量波段数据（Quality，第十二波段），如图 4 – 2 所示。

在"Toolbox"工具箱中，双击"Radiometric Correction"→"Radiometric Calibration"工 具，弹出"Data Selection"对话框，在"Data Selection"对话框中选择多光谱数据"MTL_ LC81210372014121LGN00_MTL_MultiSpectral"，其他参数为默认参数，单击"OK"按钮打 开"Radiometric Calibration"对话框，其参数说明见表 4 – 1。在"Radiometric Calibration"对 话框中将"Calibration Type"赋值为"Radiance"、"Output Interleave"赋值为"BIL"、"Output Data Type"赋值为"Float"、"Scale Factor"赋值为"0.1"，单击"Apply FLAASH Settings"按 钮并选择输出路径和文件名（LC8121037_Radiance.dat），单击"OK"按钮执行定标处理，如 图 4 – 3 所示。

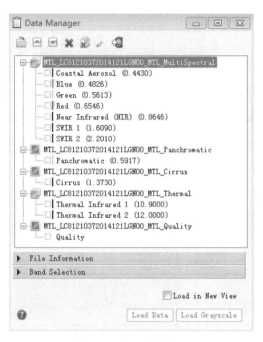

图 4-2 打开数据管理

表 4-1 Radiometric Calibration 对话框参数及选项含义

参数	参数含义	可选项	可选项含义
Calibration Type	定标类型	Radiance	辐射亮度值。单位为 $W/(m^2 \cdot sr \cdot \mu m)$，适用于多光谱数据
		Reflectance	大气表观反射率。其值在 $0 \sim 1$ 之间，适用于多光谱数据
		Brightness Temperature	亮度温度。单位为 K，适用于热红外数据
Output Interleave	输出存储顺序	BSQ	按波段顺序存储
		BIL	按行顺序存储
		BIP	按像元顺序存储
Output Data Type	输出数据类型	Float	浮点型数据
		Double	双精度浮点型数据
		Uint	无符号 16 位整型数据
Scale Factor	缩放系数	/	/
Apply FLAASH Settings	应用 FLAASH 设置按钮	Scale Factor 设为"0.1"	为了让输出的辐射亮度值单位不是 $W/(m^2 \cdot sr \cdot \mu m)$ 而是 $\mu W/(cm^2 \cdot sr \cdot nm)$，使定标的辐射亮度值符合 FLAASH 大气校正工具的数据要求（包括 BIL 存储顺序）
Output Filename	输出文件名	/	/

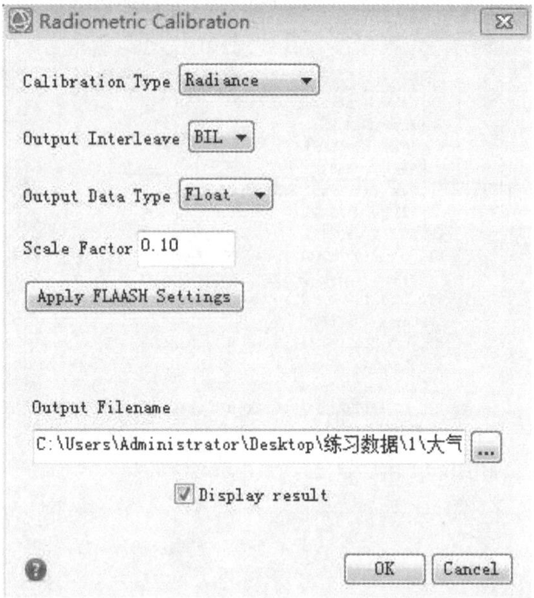

图 4-3 辐射定标参数设置

二、大气校正

第一步,启动"FLAASH"模块。

在"Toolbox"工具箱中,双击"Radiometric Correction"→"Atmospheric Correction Module"→"FLAASH Atmospheric Correction"按钮,启动"FLAASH Atmospheric Correction Model Input Parameters"模块,如图 4-4 所示。"FLAASH Atmospheric Correction Model Input Parameters"模块各参数及其功能见表 4-2,其中"MODTRAN"在各个大气模型中水汽含量和表面大气温度见表 4-3,基于季节-纬度选择"MODTRAN"大气模型见表 4-4,"Multispectral Settings"对话框中各参数及其含义见表 4-5,"Advanced Settings"对话框中各参数及其含义见表 4-6。

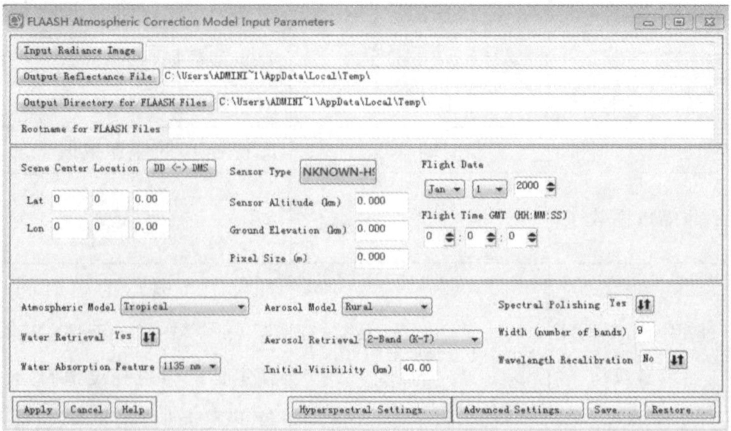

图 4-4 启动"FLAASH"模块

表 4 - 2　FLAASH Atmospheric Correction Model Input Parameters 模块各参数及其功能

参数	功能
Input Radiance Image	输入辐射亮度文件。注意：（1）若用到"Spatial Subset"功能，需与"Advanced Settings"对话框中"Spatial Subset"选项设置一样大小的区域。（2）当头文件中没有波长信息时，会弹出对话框提示选择记录每个波段中心波长信息的文本文件，该文本文件要求以一列的方式记录每个波段的中心波长信息。（3）辐射亮度文件选好后弹出"Radiance Scale Factors"对话框，当各个波段的辐射亮度单位不一致时，选择"Read array of scale factors（1 per band）from ASCII file"选项，该文本文件要求以一列的方式记录每个波段的转换系数；当各个波段的辐射亮度单位一致时，选择"Use single scale factor for all bands"选项，并在"Single scale factor"文本框中输入转换系数
Output Reflectance File	输出反射率文件。如果只在文本框中输入一个文件名，则保存路径将为"Output Directory for FLAASH Files"中的路径。这个设置经常被忽视，导致在大气校正执行中出错
Output Directory for FLAASH Files	输出文件夹。设置大气校正其他输出结果的存储路径，如水汽反演结果、云分类结果和日志等
Rootname for FLAASH Files	根文件名。设置大气校正其他输出结果的根文件名
Scene Center Location（DD<->DMS）	影像中心经纬度（度<->度分秒）。以°或°/′/″格式输入，当影像位于西半球时，经度为负值；位于南半球时，纬度为负值。文件加载后，自动生成
Sensor Type	传感器类型。如果选择"Multispectral→UNKNOWN - MSI"时，需要提供波谱响应函数（ENVI 波谱库格式）
Flight Date	影像成像日期。文件加载后，自动生成
Flight Time GMT（HH：MM：SS）	影像成像时间（格林尼治时间）。文件加载后，自动生成
Sensor Altitude(km)	传感器飞行高度，单位：km。文件加载后，自动生成
Ground Elevation(km)	影像区域平均海拔，单位：km。可通过已知 DEM 数据获取
Pixel Size(m)	影像像素大小，即影像空间分辨率，单位：m。文件加载后，自动生成
Atmospheric Model	大气模型。ENVI 提供 6 种标准 MODTRAN 大气模型：亚极地冬季（Sub - Arctic Winter）、中纬度冬季（Mid - Latitude Winter）、美国标准大气模型（U•S• Standard）、亚极地夏季热带（Sub - Arctic Summer）、中纬度夏季（Mid - Latitude Summer）和热带（Tropical）

（续表）

参数	功能
Aerosol Model	气溶胶模型。ENVI提供5种气溶胶模型：无气溶胶（No Aerosol）、乡村（Rural）、城市（Urban）、海面（Maritime）、对流层（Tropospheric）
Water Retrieval	水汽反演。多光谱数据由于缺少相应波段和光谱分辨率太低不执行水汽反演。有两个值供选择：Yes 和 No。Yes：执行水汽反演。从"Water Absorption Feature"下拉框中选择水汽吸收光谱特征：1 135nm（包含 1 050nm～1 210nm 范围波段，推荐选择）、940nm（包含 870nm～1 020nm 范围波段）、820nm（包含 770nm～870nm 范围波段）。NO：不执行水汽反演，使用一个固定水汽含量值，固定值参见表 4-3
Water Column Multiplier	固定水汽含量值乘积系数，默认值为1
Aerosol Retrieval	气溶胶反演。有 3 种方法可供选择：None（初始能见度值将用于气溶胶反演模型）、2-Band（K-T）（使用 K-T 气溶胶反演方法，当没有找到合适的黑暗像元时，初始能见度值将用于气溶胶反演模型）、2-Band Over Water（用于海面上的影像）
Initial Visibility(km)	初始能见度。输入一个估计能见度，当不执行气溶胶反演或使用 K-T 气溶胶反演方法而没有找到合适的黑暗像元时，该估计能见度值将用于大气校正。可根据天气条件估计能见度：晴朗天气条件下，估计能见度值为 40km～100km；薄雾天气条件下，估计能见度值为 20km～30km；大雾天气条件下，估计能见度值≤15km
Spectral Polishing	光谱打磨。针对高光谱数据。有两个选择项：Yes 和 No。Yes：执行光谱打磨，此时需要在"Width（number of bands）"中输入相邻波段数量，波段数范围是 2～11（奇数运算速度快），光谱分辨率为 10nm 时波段数建议填"9"。一般情况下，光谱分辨率越小，建议这个值设置越小。No：不执行光谱打磨
Wavelength Recalibration	重定标波长。有两个选择项：Yes 和 No。Yes：在水汽反演之前定标中心波长。No：使用原始的中心波长定标
Apply	应用
Cancel	取消
Help	帮助
Multispectral Settings	多光谱设置

（续表）

参数	功能
Advanced Settings	高级设置
Save	保存大气校正参数
Restore	调用大气校正参数

注：①选择一种大气模型所对应水汽含量（见表4-3）接近或者稍微大于影像所在场景的水汽含量；②如果没有水汽柱或者表面大气温度信息，可以通过季节-纬度信息选择大气模型（见表4-4）。

表4-3 MODTRAN 在各个大气模型中水汽含量和表面大气温度（从海平面起算）

大气模型	水汽柱 （std atm-cm）	水汽柱 （g/cm²）	表面大气温度
Sub-Arctic Winter(SAW)	518	0.42	-16℃或3℉
Mid-Latitude Winter(MLW)	1 060	0.85	-1℃或30℉
U·S·Standard(US)	1 762	1.42	15℃或59℉
Sub-Arctic Summer(SAS)	2 589	2.08	14℃或57℉
Mid-Latitude Summer(MLS)	3 636	2.92	21℃或70℉
Tropical(T)	5 119	4.11	27℃或80℉

表4-4 基于季节-纬度选择 MODTRAN 大气模型

纬度范围（°N）	1月	3月	5月	7月	9月	11月
80	SAW	SAW	SAW	MLW	MLW	SAW
70	SAW	SAW	MLW	MLW	MLW	SAW
60	MLW	MLW	MLW	SAS	SAS	MLW
50	MLW	MLW	SAS	SAS	SAS	SAS
40	SAS	SAS	SAS	MLS	MLS	SAS
30	MLS	MLS	MLS	T	T	MLS
20	T	T	T	T	T	T
10	T	T	T	T	T	T
0	T	T	T	T	T	T
-10	T	T	T	T	T	T
-20	T	T	T	MLS	MLS	T
-30	MLS	MLS	MLS	MLS	MLS	MLS
-40	SAS	SAS	SAS	SAS	SAS	SAS
-50	SAS	SAS	SAS	MLW	MLW	SAS
-60	MLW	MLW	MLW	MLW	MLW	MLW
-70	MLW	MLW	MLW	MLW	MLW	MLW
-80	MLW	MLW	MLW	MLW	MLW	MLW

表 4 - 5   Multispectral Settings 对话框中各参数及其含义

参数	含义
Select Channel Defininitions by	通道定义的选择。有 File(文件)和 GUI(图形)两种方式,一般选择图形方式
Water Retrieval	水汽反演
Kaufman - Tanre Aerosol Retrieval	K - T 气溶胶反演。由于多光谱数据一般不用于水汽反演,所以"Multispectral Settings"对话框中各参数主要为"Kaufman - Tanre Aerosol Retrieval"对话框中的参数
Defaults	默认设置
KT Upper Channel	上行通道
KT Lower Channel	下行通道
Maximum Upper Channel Reflectance	上行通道最大反射率
Reflectance Ratio	反射率比,即上行通道与下行通道反射率比值
Cirrus Channel	云通道
Filter Function File	波谱响应函数
Index to first band	第一个波段对应的响应函数

表 4 - 6   Advanced Settings 对话框中各参数及其含义

参数	含义
Spectrograph Defininition File	波谱仪定义文件。用于重新定标高光谱数据的中心波长。当选择未知高光谱传感器时,需要提供该文件
Aerosol Scale Height(km)	气溶胶厚度系数。用于计算邻域效应范围,值为 1km～2km,默认为 1.5km
CO_2 Mixing Ratio(ppm)	CO_2 混合比,默认为 390ppm
Use Square Slit Function	使用方缝函数
Use Adjacency Correction	使用邻域纠正
Reuse MODTRAN Calculations	使用以前的 MODTRAN 模型计算结果
MODTRAN Resolution	MODTRAN 模型的光谱分辨率。高光谱数据默认为 $5cm^{-1}$,多光谱数据默认为 $15cm^{-1}$
MODTRAN Multiscatter Model	MODTRAN 多散射模型。校正大气散射对成像的影响。有 3 种模型可供选择:ISAACS、DISORT 和 Scaled DISORT,默认为"Scaled DISORT"。ISAACS 模型:计算速度快,精度一般。DISORT 模型:对于短波(小于 1 000nm)具有较高的精度,但速度较慢,当薄雾较大和短波影像时可选择此模型。Scaled DISORT 模型:速度快,需要选择"streams":2、4、8、16,估算散射的方向。"streams"值越大,速度越慢

（续表）

参数	含义
Zenith Angle	天顶角
Azimuth Angle	方位角
Use Tiled Processing	分块处理
Spatial Subset	空间子集
Re-define Scale Factors For Radiance Image	重定义缩放比例系数
Output Reflectance Scale Factor	输出反射率缩放系数。为了节约结果影像存储空间，默认反射率乘以10 000，输出反射率范围为0～10 000，即32位的浮点型用16位的整型存储
Automatically Save Template File	自动存储工程文件
Output Diagnostic Files	输出诊断文件

第二步，设置"FLAASH Atmospheric Correction Model Input Parameters"对话框参数。

（1）加载辐射亮度文件。在"FLAASH Atmospheric Correction Model Input Parameters"对话框中单击"Input Radiance Image"按钮，弹出"FLAASH Input File"面板，在"Select Input File："对话框中选中经过辐射定标的文件名"LC8121037_Radiance. dat"，其他参数默认，单击"OK"按钮，弹出"Radiance Scale Factors"对话框，单击"Use single scale factor for all bands"选项并在"Single scale factor"文本框中输入转换系数"1.000 0"，单击"OK"按钮。

（2）设置"输出反射率文件"输出路径和文件名。在"FLAASH Atmospheric Correction Model Input Parameters"对话框中单击"Output Reflectance File"，选择输出路径并定义文件名(LC8121037_ref. dat)，单击"打开(O)"按钮。

（3）设置"大气校正输出文件夹"。在"FLAASH Atmospheric Correction Model Input Parameters"对话框中单击"Output Directory for FLAASH Files"，选择输出路径(C:\Users\Administrator\Desktop\temp)，单击"确定"按钮。

（4）在"Select Input File："对话框中加载经过辐射定标的文件名"LC8121037_Radiance. dat"后，在"FLAASH Atmospheric Correction Model Input Parameters"对话框中自动获取的信息有：Lat(33°10′18.02″)、Lon(117°39′49.50″)、Sensor Altitude(km)(705.000)、Flight Date(May－1－2014)、Flight Time GMT(HH:MM:SS)(2:42:52)、Pixel Size(m)(30.000)。

（5）其他参数设置。在"Sensor Type"对话框中选择"Multispectral→Landsat－8 OLI"，"Ground Elevation(km)"值设为"0.030"（可通过研究区已知DEM数据获取），"Atmospheric Model"值设为"Mid－Latitude Summer"（根据影像中心纬度33°10′18.02″和5月成像，从表4－4查询可得），"Aerosol Model"值设为"Urban"，"Aerosol Retrieval"值设为"2－Band(K－T)"，"Water Column Multiplier"值设为"1.00"，"Initial Visibility(km)"值

设为"40.00"。"FLAASH Atmospheric Correction Model Input Parameters"对话框参数设置如图4-5所示。

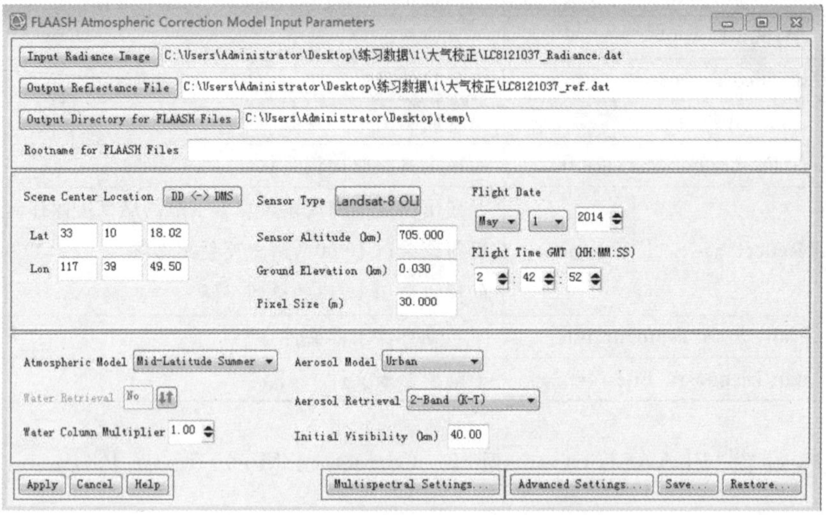

图4-5 FLAASH Atmospheric Correction Model Input Parameters 对话框参数设置

第三步,"Multispectral Settings"对话框参数设置。

单击"Multispectral Settings..."按钮弹出"Multispectral Settings"对话框,在"Multispectral Settings"对话框中单击"Kaufman - Tanre Aerosol Retrieval",单击"Defaults"→"Over - Land Retrieval standard(660：2 100nm)",其他参数设置为默认值,单击"OK"按钮完成"Multispectral Settings"对话框参数设置。"Multispectral Settings"对话框参数设置如图4-6所示。

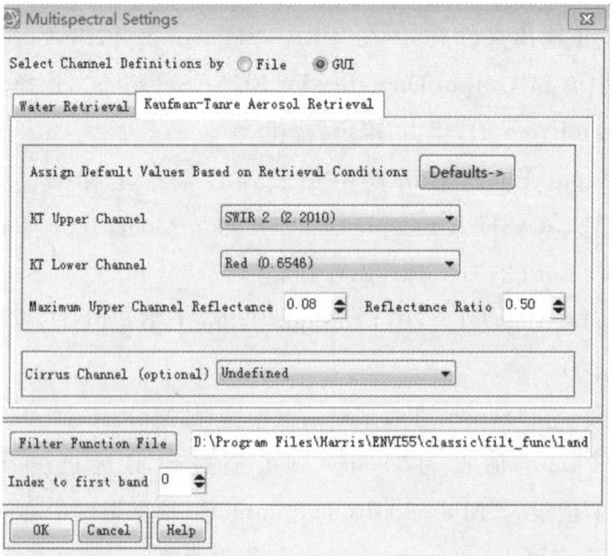

图4-6 Multispectral Settings 对话框参数设置

第四步,"FLAASH Advanced Settings"对话框参数设置。

单击"Advanced Settings..."按钮弹出"FLAASH Advanced Settings"对话框,在"FLAASH Advanced Settings"对话框中将"Tile Size(Mb)"值设为"200",其他参数设置为默认值,单击"OK"按钮完成"FLAASH Advanced Settings"对话框参数设置。"FLAASH Advanced Settings"对话框参数设置如图4-7所示。

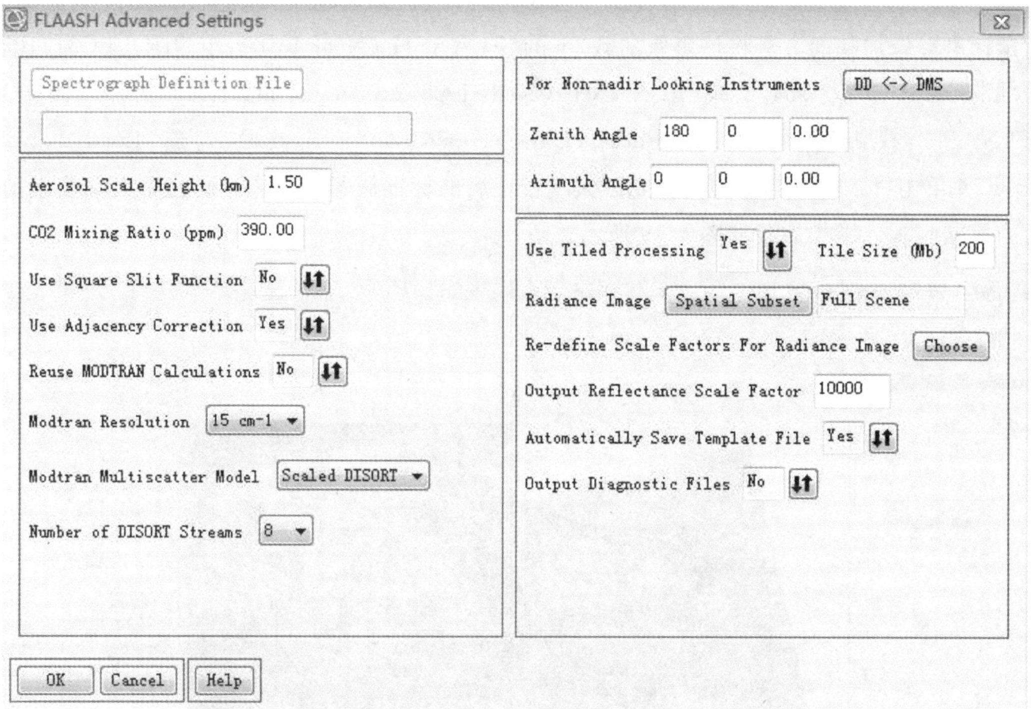

图4-7 FLAASH Advanced Settings 对话框参数设置

第五步,执行"FLAASH"大气校正。

在"FLAASH Atmospheric Correction Model Input Parameters"对话框中单击"Apply"按钮,执行FLAASH大气校正处理,如图4-8所示。FLAASH大气校正执行完后得到估算的能见度和平均水汽柱。

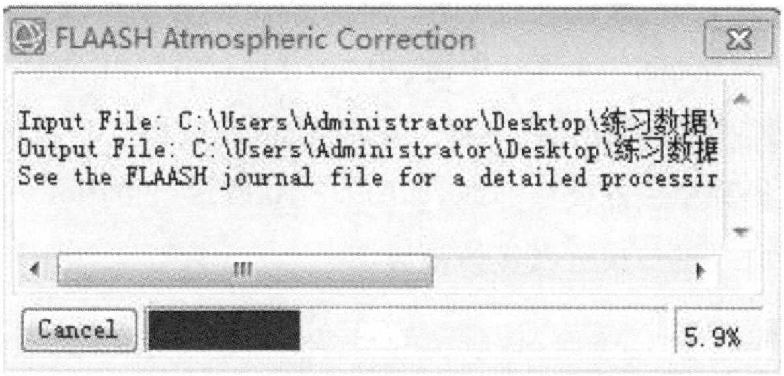

图4-8 执行 FLAASH 大气校正

第六步,比较原始影像和"FLAASH"大气校正后的反射率影像。

依次单击"Data Manager"对话框中"MTL_LC812103720141211LGN00_MTL_MultiSpectral"文件名(如果该文件误关闭,则按照前面辐射定标里影像加载的方法将该影像加载)下的"Near Infrared(NIR)(0.864 6)""Red(0.654 6)""Green(0.561 3)"三个波段,单击"Load Data",得到研究区大气校正前的标准假彩色影像。按照这种方法,依次单击"Data Manager"对话框中"LC8121037_ref.dat"文件名(如果该文件误关闭,则按照前面辐射定标里影像加载的方法将该影像加载)下的"FLAASH(Near Infrared(NIR):LC8121037_Radiance.dat)(0.864 6)""FLAASH(Red:LC8121037_Radiance.dat)(0.654 6)""FLAASH(Green:LC8121037_Radiance.dat)(0.561 3)"三个波段,勾选"Load in New View"并单击"Load Data",得到研究区大气校正后的标准假彩色影像。研究区大气校正前、后的标准假彩色影像加载如图4-9所示。

图4-9　加载研究区大气校正前、后的标准假彩色影像

在"Layer Manager"对话框中,选中"MTL_LC812103720141211LGN00_MTL_MultiSpectral"文件名并右击,选择"Profiles"→"Spectral",得到研究区大气校正前影像的波谱曲线图。在"Layer Manager"对话框中,选中"LC8121037_ref.dat"文件名并右击,选择"Profiles"→"Spectral",得到研究区大气校正后的波谱曲线图。将鼠标指针移动到影像植被区域单击鼠标左键得到植被的波谱曲线,如图4-10所示。由图4-10可知,经大气校正后的研究区植被波谱曲线更加接近真实植被波谱。

三、快速大气校正

快速大气校正(Quick Atmospheric Correction,简称"QUAC")工具自动从影像上收集不同物质的波谱信息,获取经验值完成高光谱和多光谱数据的快速大气校正,得到的结果精

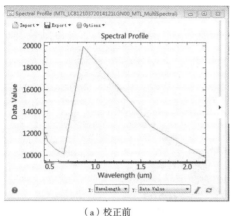

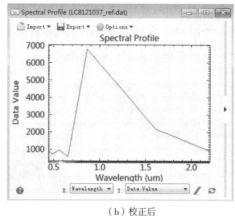

（a）校正前　　　　　　　　　　　　　　（b）校正后

图 4-10　大气校正前、后研究区植被的波谱曲线图

度近似 FLAASH 或者其他基于辐射传输模型的±15%。

　　"QUAC"的输入数据可以是辐射亮度值、表观反射率、无单位的 raw 数据；可以是任何数据存储顺序（BIL/BIP/BSQ）和存储类型；多光谱和高光谱传感器数据的每个波段必须有中心波长信息。下面以辐射定标后的文件"LC8121037_Radiance. dat"为例进行快速大气校正。

　　在"Toolbox"工具箱中，依次双击"Radiometric Correction"→"Atmospheric Correction Module"→"QUick Atmospheric Correction"，弹出"Data Selection"对话框，在"Select Input Data"中选择文件名"LC8121037_Radiance. dat"，其他参数默认，单击"OK"按钮，弹出"QUAC"对话框，自动识别"Sensor Type"类型（如不能自动识别，就手动选择相应的传感器类型），选择输出路径并给定文件名，单击"OK"按钮执行快速大气校正，如图 4-11 所示。

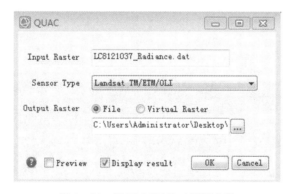

图 4-11　设置 QUAC 对话框参数

注意：

　　"QUAC"得到的地表反射率影像扩大 10 000 倍，以 16 位无符号整型存储。如果影像中存在大量背景值（如整景 Landsat 影像），会影响平均波谱的收集，需要在"Data Selection"对话框"Mask..."中使用掩膜文件。

依次单击"Data Manager"对话框中"QUAC.dat"文件名下的"Near Infrared(NIR)(0.8646)""Red(0.6546)""Green(0.5613)"三个波段,单击"Load Data",得到快速大气校正后的标准假彩色影像,如图4-12所示。

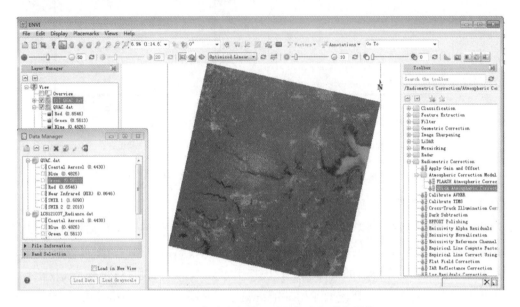

图4-12　快速大气校正后的标准假彩色影像

在"Layer Manager"对话框中,选中"QUAC.dat"文件名并右击,选择"Profiles"→"Spectral",得到研究区快速大气校正后影像的波谱曲线图。将鼠标指针移动到影像植被区域单击鼠标左键得到植被的波谱曲线,如图4-13所示。也可以参照"大气校正",将原始影像和快速大气校正后的植被波谱曲线进行对比。

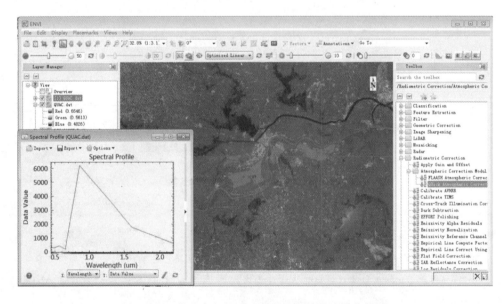

图4-13　快速大气校正后研究区植被的波谱曲线图

思考与练习

1. 什么是辐射定标？什么是大气校正？

2. 到地理空间数据云网站下载近期包括自己家乡一景的 Landsat 8 影像（云量为"0"或接近"0"），对其进行辐射定标、大气校正和快速大气校正处理，并对研究区植被波谱曲线进行大气校正前、后的对比。

实验五 影像裁剪、旋转、图层叠加和掩膜

实验目的

通过本次实验,帮助实验者熟练掌握遥感影像按行列号、影像、地理坐标、文件、感兴趣区/矢量、滚动窗口的空间裁剪和波谱裁剪、影像旋转、层的叠加和掩膜等基本操作。

实验内容

(1)影像裁剪;

(2)影像旋转;

(3)层的叠加;

(4)掩膜。

实验数据

软件自带数据:can_tmr.img(Canon City,TM Data), can_tmr.hdr(Header File);bhtmref.img,bhtmref.hdr;练习数据:2-层的叠加。

实验步骤

双击桌面"ENVI Classic 5.5(64-bit)"或"ENVI Classic 5.5 + IDL 8.7(64-bit)"图标,或者依次单击"开始"→"所有程序"→"ENVI 5.5"→"Tools"→"ENVI Classic 5.5(64-bit)"或"ENVI Classic 5.5 + IDL 8.7(64-bit)",启动 ENVI。

一、影像裁剪

影像裁剪包括空间裁剪(Spatial Subset)和波谱裁剪(Spectral Subset)。其中,空间裁剪又包括行列号(Samples & Lines)、影像(Image)、地理坐标(Map)、文件(File)、感兴趣区/矢量(ROI/EVF)、滚动窗口(Scroll)的裁剪。

1. 按行列号(Samples & Lines)裁剪

在 ENVI 主菜单单击"File"→"Open Image File",选中默认目录下文件名"can_

tmr. img",然后单击右下角"打开(O)"按钮,弹出可用波段列表(Available Bands List),"Available Bands List"左下角"Dims"为"640×400"(Byte),表示该影像为640列("Samples"值从"1"到"640")、400行("Lines"值从"1"到"400"),即在影像裁剪时"Samples"值不能超过640,"Lines"值不能超过400。

在ENVI Classic主菜单选择"Basic Tools"→"Resize Data(Spatial/Spectral)",弹出"Resize Data Input File"对话框,在"Select Input File"文本框中选中"can_tmr. img"文件名,单击"Spatial Subset"按钮弹出"Select Spatial Subset"对话框,将"Samples"赋值"100 To 299"(表示裁剪列从100列到299列)、"NS"赋值"200"(表示共200列),"Lines"赋值"100 To 299"(表示裁剪行从100行到299行),"NL"赋值"200"(表示共200行),即裁剪后影像"Dims"变为"200×200"(Byte),其他依此类推,如图5-1所示。在"Select Spatial Subset"对话框中单击左下角"OK"按钮,再在"Resize Data Input File"对话框中单击"Spectral Subset"按钮(如果对所有波段都裁剪,可不用单击此按钮),弹出"File Spectral Subset"对话框,在"Select Bands to Subset"文本框中根据研究需要选择所要裁剪的波段,这里以"裁剪'543波段'"为例,选中"TM Band 5""TM Band 4""TM Band 3",在"File Spectral Subset"对话框左下角单击"OK"按钮,如图5-2所示。再单击"Resize Data Input File"对话框中左下角"OK"按钮,弹出"Resize Data Parameters"对话框,对重采样(Resampling)值进行选择:

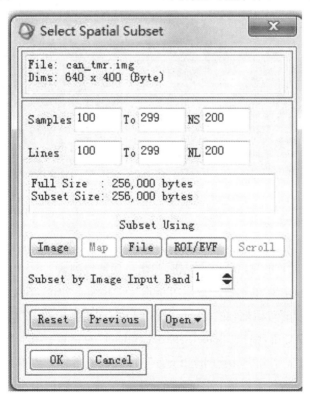

图5-1 裁剪行列数的输入

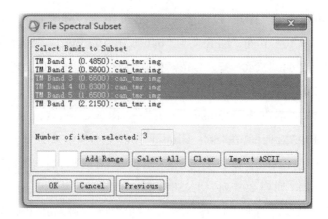

图 5-2 裁剪波段的选择

Nearest Neighbor(最近邻法)、Bilinear(双线性内插法)和 Cubic Convolution(三次卷积内插法),默认的是 Nearest Neighbor。将"Output Result to"赋值"Memory"(临时保存,此时不需要指定路径和文件名),当然也可赋值"File"(文件,此时需要单击"Choose"按钮指定保存路径和文件名),最后单击"Resize Data Parameters"对话框左下角"OK"按钮,将裁剪前、后的第三波段影像打开比较,如图 5-3 所示。

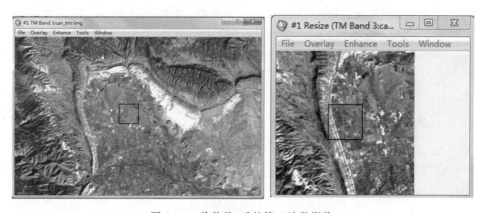

图 5-3 裁剪前、后的第三波段影像

2. 按影像(Image)裁剪

在 ENVI 主菜单单击"File"→"Open Image File",选中默认目录下文件名"can_tmr.img",然后单击右下角"打开(O)"按钮,弹出可用波段列表。

在 ENVI Classic 主菜单选择"Basic Tools"→"Resize Data(Spatial/Spectral)",弹出"Resize Data Input File"对话框,在"Select Input File"文本框中选中"can_tmr.img"文件名,单击"Spatial Subset"按钮,弹出"Select Spatial Subset"对话框。在"Select Spatial Subset"对话框中单击"Image",弹出"Subset by Image"对话框(若不打开影像或打开单一波段灰阶影像,对话框中出现的是灰阶影像;若打开的是彩色影像,对话框中出现的也是打开的彩色影像),将"Samples"赋值"300"、"Lines"赋值"300"(也可以按住鼠标左键拖动红色矩形框调整其大小),然后按住鼠标中键或左键将图中红色矩形框拖到感兴趣的地方,如图 5-4 所

示。在"Subset by Image"对话框中单击左下角"OK"按钮,再在"Select Spatial Subset"对话框中单击左下角"OK"按钮,在"Resize Data Input File"对话框中单击"Spectral Subset"按钮,弹出"File Spectral Subset"对话框,在"Select Bands to Subset"文本框中选中"TM Band 4"。在"File Spectral Subset"对话框左下角单击"OK"按钮,再单击"Resize Data Input File"对话框中左下角"OK"按钮,弹出"Resize Data Parameters"对话框,将"Resampling"赋值"Nearest Neighbor"、"Output Result to"赋值"File",单击"Choose"按钮指定保存路径和文件名为"C:\Users\Administrator\Desktop\1";最后单击"Resize Data Parameters"对话框左下角"OK"按钮,裁剪得到图 5-4 中红色区域内部影像,如图 5-5 所示。

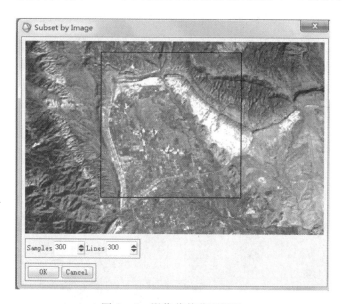

图 5-4　影像裁剪范围设置

图 5-5　裁剪后的影像

3. 按文件(File)裁剪

在 ENVI 主菜单单击"File"→"Open Image File",选中默认目录下文件名"can_tmr. img",然后单击右下角"打开(O)"按钮,弹出可用波段列表,并按照类似方法打开上面保存的影像文件"C:\Users\Administrator\Desktop\1"。

在 ENVI Classic 主菜单选择"Basic Tools"→"Resize Data(Spatial/Spectral)",弹出"Resize Data Input File"对话框,在"Select Input File"文本框中选中"can_tmr. img"文件名,单击"Spatial Subset"按钮,弹出"Select Spatial Subset"对话框。在"Select Spatial Subset"对话框中单击"File",弹出"Subset by File Input File"对话框,在"Select Input File"文本框中选中"1"并单击左下角"OK"按钮;单击"Select Spatial Subset"对话框左下角"OK"按钮,在"Resize Data Input File"对话框中单击左下角"OK"按钮,弹出"Resize Data Parameters"对话框,将"Resampling"赋值"Nearest Neighbor"、"Output Result to"赋值"Memory",最后单击左下角"OK"按钮,并分别将文件名为"1"的影像和裁剪后的"543 波段"影像打开比较,结果如图 5-6 和图 5-7 所示。

图 5-6 文件名为"1"的影像

图 5-7 根据"1"裁剪后的"543 波段"影像

4. 按感兴趣区(ROI)裁剪

在 ENVI 主菜单单击"File"→"Open Image File",选中默认目录下文件名"can_tmr. img",然后单击右下角"打开(O)"按钮,弹出可用波段列表,并以灰阶或彩色影像打开。下面以"打开'543 波段'影像"为例,在主影像窗口选择"Overlay"→"Region of Interest…",弹出"♯1 ROI Tool"对话框,在主影像上任意位置画一多边形,"颜色"设为"红色",第一次单击右键(多边形闭合),第二次单击右键(确定多边形),如图 5-8 所示。

第一种方法是在 ENVI Classic 主菜单选择"Basic Tools"→"Resize Data（Spatial/Spectral)"，弹出"Resize Data Input File"对话框，在"Select Input File"文本框中选中"can_tmr. img"文件名，单击"Spatial Subset"按钮，弹出"Select Spatial Subset"对话框。在"Select Spatial Subset"对话框中单击"ROI/EVF"，弹出"Subset Image by ROI/EVF Extent"对话框，在"Select Regions"文本框中选中"Region ♯1"并单击左下角"OK"按钮；单击"Select Spatial Subset"对话框左下角"OK"按钮，在"Resize Data Input File"对话框中单击左下角"OK"按钮，弹出"Resize Data Parameters"对话框，将"Resampling"赋值"Nearest Neighbor"、"Output Result to"赋值"Memory"；最后单击左下角"OK"按钮得到裁剪影像，并将裁剪后的"543 波段"影像在新的窗口打开，如图 5-9 所示。

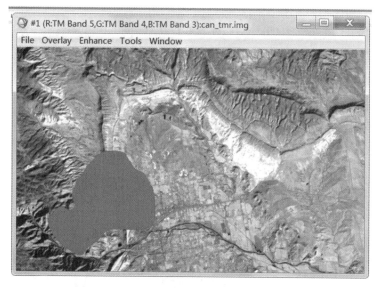

图 5-8　感兴趣区的建立

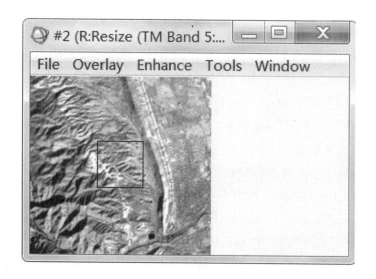

图 5-9　根据 ROI 裁剪的"543 波段"影像

第二种方法是在 ENVI Classic 主菜单选择"Basic Tools"→"Subset Data via ROIs",弹出"Select Input File to Subset via ROI"对话框。在"Select Input File"文本框中选中"can_tmr. img"文件名,单击左下角"OK"按钮,此时弹出"Spatial Subset to via ROI Parameters"对话框。在"Select Input ROIs"文本框中选中"Region ♯1",并将"Output Result to"赋值"Memory",最后单击左下角"OK"按钮即得到同图 5-9 所示范围一样的裁剪影像。

> **◁)) 注意:**
>
> 　按照感兴趣区裁剪是以感兴趣区的东、南、西、北四个边界为界,裁剪出来的区域为矩形。

第三种方法是在 ENVI Classic 主菜单选择"Basic Tools"→"Subset Data via ROIs",弹出"Select Input File to Subset via ROI"对话框。在"Select Input File"文本框中选中"can_tmr. img"文件名,单击左下角"OK"按钮,此时弹出"Spatial Subset to via ROI Parameters"对话框。在"Select Input ROIs"文本框中选中"Region ♯1",将"Mask pixels outside of ROI?"值设为"Yes"(单击"No"值后面的上下双向箭头即可),将"Mask Background Value"值设为"255"(即掩膜区为白色背景),将"Output Result to"赋值"Memory";最后单击左下角"OK"按钮,并将裁剪后的"543 波段"影像在新的窗口打开,如图 5-10 所示。

5. 按矢量(EVF)裁剪

在 ENVI 主菜单单击"File"→"Open Image File",选中默认目录下文件名"can_tmr. img",然后单击右下角"打开(O)"按钮,弹出可用波段列表,并以灰阶或彩色影像打开。下面以"打开'432 波段'影像"为例,在 ENVI 主菜单下单击"File"→"Open Vector File",双击默认目录下"Vector"文件夹,选中"can_v3. evf",单击右下角"打开(O)"按钮;单击

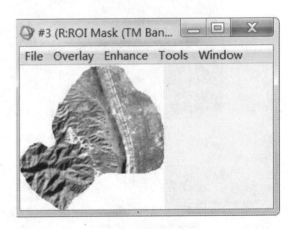

图 5-10　根据 ROI 裁剪并经掩膜的"543 波段"影像

"Select All Layers",再单击"Load Selected",在弹出的窗口中选中"Display ♯1",单击左下角"OK"按钮即完成矢量文件在影像上的叠加,如图 5-11 所示。

在 ENVI Classic 主菜单选择"Basic Tools"→"Resize Data(Spatial/Spectral)",弹出"Resize Data Input File"对话框,在"Select Input File"文本框中选中"can_tmr. img"文件名,单击"Spatial Subset"按钮,弹出"Select Spatial Subset"对话框。在"Select Spatial Subset"对话框中单击"ROI/EVF",弹出"Subset Image by ROI/EVF Extent"对话框,在"Select Regions"文本框中选中"EVF:Exported ROIs"并单击左下角"OK"按钮,单击"Select Spatial Subset"对话框左下角"OK"按钮,在"Resize Data Input File"对话框中单击左下角"OK"按

钮，弹出"Resize Data Parameters"对话框，将"Resampling"赋值"Nearest Neighbor"、"Output Result to"赋值"Memory"，最后单击左下角"OK"按钮得到裁剪影像。将裁剪后的"432 波段"影像在新窗口中打开，并在"Available Vectors List"对话框左下角单击"Load Selected"，在弹出的窗口中选中"Display ♯2"，单击左下角"OK"按钮即完成将"can_v3. evf"矢量文件叠加到裁剪后的"432 波段"影像，如图 5 - 12 所示。

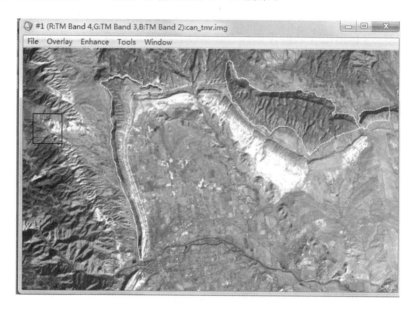

图 5 - 11　矢量文件的叠加

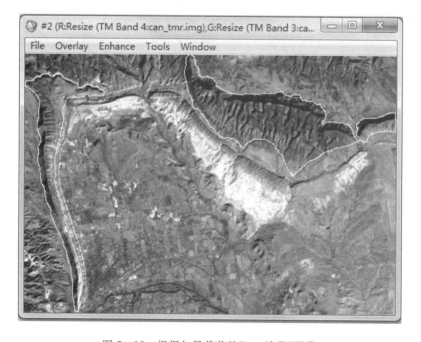

图 5 - 12　根据矢量裁剪的"432 波段"影像

　　此外,也可以自行建立矢量文件,再按照矢量文件裁剪。在主影像窗口选择"Overlay"→"Vectors...",弹出"♯1 Vector Parameters:Cursor Query"对话框,在"♯1 Vector Parameters:Cursor Query"对话框中单击"File"→"Create New Layer...",弹出"New Vector Layer Parameters"对话框,将"Layer Name"赋值"New Layer"、"Output Result to"赋值"Memory"并单击左下角"OK"按钮。在"♯1 Vector Parameters:Cursor Query"对话框中单击"Mode"→"Add New Vectors",在主影像上任意位置画一多边形,"颜色"设为"白色",第一次单击右键(多边形闭合),按住鼠标左键拖动红色菱形将所画多边形放到合适位置,再单击鼠标右键并选择"Accept New Polygon"确定多边形,如图 5 - 13 所示;再在 ENVI Classic 主菜单选择"Basic Tools"→"Resize Data(Spatial/Spectral)",弹出"Resize Data Input File"对话框,在"Select Input File"文本框中选中"can_tmr. img"文件名,单击"Spatial Subset"按钮,弹出"Select Spatial Subset"对话框。在"Select Spatial Subset"对话框中单击"ROI/EVF",弹出"Subset Image by ROI/EVF Extent"对话框,在"Select Regions"文本框中选中"EVF:New Layer"并单击左下角"OK"按钮,单击"Select Spatial Subset"对话框左下角"OK"按钮,再在"Resize Data Input File"对话框中单击左下角"OK"按钮,弹出"Resize Data Parameters"对话框,将"Resampling"赋值"Nearest Neighbor"、"Output Result to"赋值"Memory",最后单击左下角"OK"按钮得到裁剪影像。将裁剪后的"432 波段"影像在新窗口中打开,并将"New Layer"矢量文件叠加到裁剪后的"432 波段"影像(注意:先将矢量文件保存,再从主菜单中打开矢量文件叠加到影像),如图 5 - 14 所示。

图 5 - 13　矢量文件的创建

图 5-14　根据矢量裁剪的"432 波段"影像

注意：

按照矢量文件裁剪是以矢量边界的东、南、西、北为界，裁剪出来的区域为矩形。

---

6. 按滚动窗口(Scroll)裁剪

在 ENVI 主菜单单击"File"→"Open Image File"，选中默认目录下文件名"can_tmr. img"，然后单击右下角"打开(O)"按钮，弹出可用波段列表，并以灰阶或彩色影像形式打开。下面以"打开 TM Band 1 波段影像"为例，在滚动窗口(Scroll 窗口)按住鼠标中键(滚动滑轮)拉矩形框。

注意：

(1)为了让本实验能做成功，建议事先将主影像窗口尺寸调小；(2)所拉矩形框一定要比主影像窗口大，否则实现不了裁剪(即裁剪时 Scroll 按钮为灰色，不可操作)。

在 ENVI Classic 主菜单选择"Basic Tools"→"Resize Data(Spatial/Spectral)"，弹出"Resize Data Input File"对话框，在"Select Input File"文本框中选中"can_tmr. img"文件名，单击"Spatial Subset"按钮，弹出"Select Spatial Subset"对话框。在"Select Spatial Subset"对话框中单击"Scroll"按钮，再单击左下角"OK"按钮；在"Resize Data Input File"对话框中单击左下角"OK"按钮，弹出"Resize Data Parameters"对话框，将"Resampling"赋值"Nearest Neighbor"、"Output Result to"赋值"Memory"，最后单击左下角"OK"按钮得到裁剪影像，并将裁剪前、后的"TM Band 1"波段影像打开，如图 5-15 所示。

图 5-15　滚动窗口(Scroll)裁剪前、后的"TM Band 1"波段影像

7. 按地理坐标(Map)裁剪

按地理坐标(Map)裁剪包括按直角坐标裁剪和按经纬度裁剪。

在 ENVI 主菜单单击"File"→"Open Image File",选中默认目录下文件名"bhtmref.img",然后单击右下角"打开(O)"按钮,弹出可用波段列表,并以灰阶或彩色影像形式打开。下面以"打开'432 波段'影像"为例。

按直角坐标裁剪,在 ENVI Classic 主菜单选择"Basic Tools"→"Resize Data(Spatial/Spectral)",弹出"Resize Data Input File"对话框,在"Select Input File"文本框中选中"bhtmref.img"文件名,单击"Spatial Subset"按钮,弹出"Select Spatial Subset"对话框,在"Select Spatial Subset"对话框中单击"Map",弹出"Spatial Subset by Map Coordin..."对话框,"Upper Left Coordinate"(左上角坐标)文本框中"E"的值为"274 785"、"N"的值为"4 906 905","Lower Right Coordinate"(右下角坐标)文本框中"E"的值为"290 115"、"N"的值为"4 891 575",表示整个研究区横坐标"E"值从 274 785m 到 290 115m,纵坐标"N"值从4 891 575m到4 906 905m,裁剪一定不能超过此范围。这里将"Upper Left Coordinate"文本框中"E"赋值"280 000"、"N"赋值"4 900 000","Lower Right Coordinate"文本框中"E"赋值"290 000"、"N"赋值"4 898 000",单击左下角"OK"按钮,单击"Select Spatial Subset"对话框左下角"OK"按钮,在"Resize Data Input File"对话框中单击左下角"OK"按钮,弹出"Resize Data Parameters"对话框,将"Resampling"赋值"Nearest Neighbor"、"Output Result to"赋值"Memory";最后单击左下角"OK"按钮得到裁剪影像,并将裁剪前、后"432 波段"影像打开,如图 5-16 所示。

注意:

"E"的值对应数学中"X"的值,"N"的值对应数学中"Y"的值;实际与地学中的"Y"与"X"的值一致。

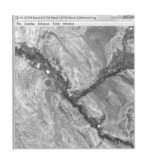 

图 5-16　按直角坐标裁剪前、后的"432 波段"影像

按经纬度裁剪，在 ENVI Classic 主菜单选择"Basic Tools"→"Resize Data（Spatial/Spectral）"，弹出"Resize Data Input File"对话框，在"Select Input File"文本框中选中"bhtmref.img"文件名，单击"Spatial Subset"按钮，弹出"Select Spatial Subset"对话框。在"Select Spatial Subset"对话框中单击"Map"，弹出"Spatial Subset by Map Coordin..."对话框，单击"Upper Left Coordinate"和"Lower Right Coordinate"下面的上下双向箭头按钮，直角坐标就变为经纬度（默认的是度分秒，通过单击"DDEG"变为度，单击"DMS"又变为度分秒）。"Upper Left Coordinate"文本框中"Lat"的值为"44°16′56.89″"、"Lon"的值为"−107°49′20.59″"，"Lower Right Coordinate"文本框中"Lat"的值为"44°8′57.05″"、"Lon"的值为"−107°37′27.64″"，表示整个研究区纬度"Lat"值从 44°8′57.05″到 44°16′56.89″，经度"Lon"值从 −107°49′20.59″到 −107°37′27.64″，裁剪一定不能超过此范围。这里将"Upper Left Coordinate"文本框中"Lat"赋值"44°14′0″"、"Lon"赋值"−107°46′0″"，"Lower Right Coordinate"文本框中"Lat"赋值"44°11′0″"、"Lon"赋值"−107°40′0″"，单击左下角"OK"按钮，单击"Select Spatial Subset"对话框左下角"OK"按钮，在"Resize Data Input File"对话框中单击左下角"OK"按钮，弹出"Resize Data Parameters"对话框，将"Resampling"赋值"Nearest Neighbor"、"Output Result to"赋值"Memory"，最后单击左下角"OK"按钮得到裁剪影像，并将裁剪前、后的"432 波段"影像打开，如图 5-17 所示。

 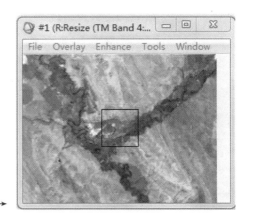

图 5-17　按经纬度裁剪前、后的"432 波段"影像

二、影像旋转

在 ENVI 主菜单单击"File"→"Open Image File",选中默认目录下文件名"bhtmref.img",然后单击右下角"打开(O)"按钮,打开"432 波段"影像,如图 5 - 18 所示。

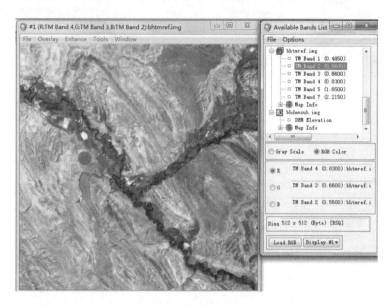

图 5 - 18 "432 波段"合成影像

在 ENVI Classic 主菜单选择"Basic Tools"→"Rotate/Flip Data",弹出"Rotation Input File"对话框,在"Select Input File"文本框中选中"bhtmref.img"文件名,单击左下角"OK"按钮,弹出"Rotation Parameters"对话框,如图 5 - 19 所示。"Rotation Parameters"对话框中"Angle"值若为"0",则说明影像不需要旋转;"Angle"值若为正值(如"10"),则表示影像是

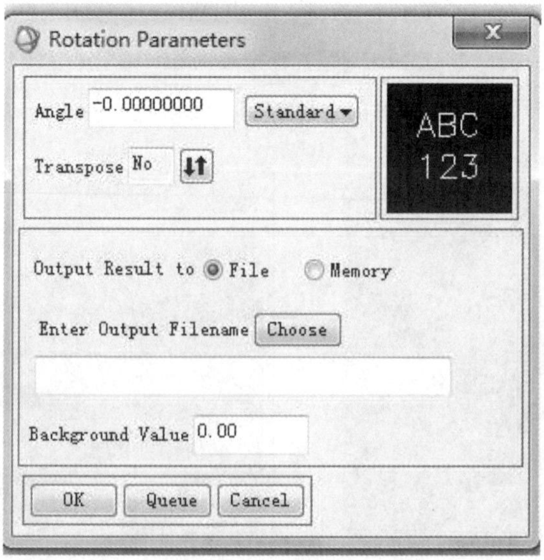

图 5 - 19 "Rotation Parameters"对话框

向左倾斜（10°）的，需要将影像向右旋转 10°；反之，"Angle"值若为负值，则表示影像是向右倾斜的，需要将影像向左旋转。"Angle"值可以手动输入，也可单击"Standard"按钮，有 0、90、180 和 270 可选。"Angle"值一般软件自动识别，无须手动调整。"Rotation Parameters"对话框中"Background Value"值为"0"说明背景是黑色的，"255"表示背景是白色的，可根据研究需要自行设置，一般情况不需要手动设置。

　　这里为了做实验，将"Angle"值设为"10"，将"Output Result to"值设为"Memory"，单击"Rotation Parameters"对话框左下角"OK"按钮，原影像就向右倾斜 10°，并将"旋转后文件名为［Memory1］的'432 波段'影像"打开，如图 5-20 所示。

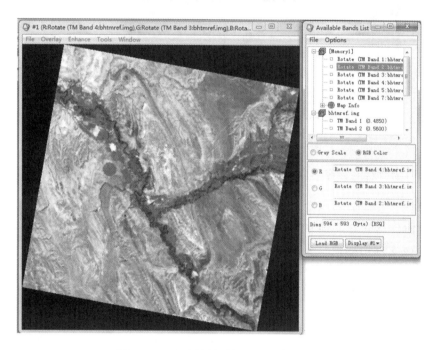

图 5-20　向右旋转后的"432 波段"影像

　　在 ENVI Classic 主菜单选择"Basic Tools"→"Rotate/Flip Data"，弹出"Rotation Input File"对话框，在"Select Input File"文本框中选中［Memory1］文件名，单击左下角"OK"按钮，弹出"Rotation Parameters"对话框，此时"Angle"值为"-10"，与前面描述的正好吻合，将"Output Result to"值设为"Memory"，单击"Rotation Parameters"对话框左下角"OK"按钮，并将"旋转后文件名为［Memory2］的'432 波段'影像"打开，如图 5-21 所示。

注意：
　　若所给影像不带地理信息，此时上述"Angle"值为"0"，需要手动调整"Angle"值为"-10"。

　　从图 5-21 可以看出，经过第二次旋转将影像又转回来了，四周多了黑色边界，貌似影像小了，但实际影像大小没有改变，可以用"Image"裁剪，将"Samples"值设为"512"、"Lines"

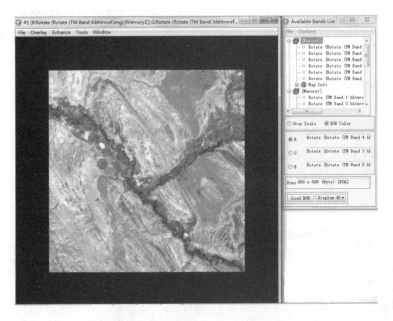

图 5-21　向左旋转后的"432 波段"影像

值设为"512",裁剪后的影像与原影像大小一致。

三、层的叠加

层的叠加(Layer Stacking)工具可以将多幅影像文件构建成一个新的多波段文件。

在 ENVI 主菜单单击"File"→"Open Image File",选中"C:\Users\Administrator\Desktop\练习数据\2\层的叠加"目录下文件名"b1""b2""b3""b4""b5""b6",然后单击右下角"打开(O)"按钮,弹出可利用波段列表,如图5-22 所示。

在 ENVI Classic 主菜单选择"Basic Tools"→"Layer Stacking",弹出"Layer Stacking Parameters"对话框,单击"Import File..."按钮,弹出"Layer Stacking Input File"对话框。在"Select Input File"文本框中选中"b6""b5""b4""b3""b2""b1"文件名,单击左下角"OK"按钮,在"Layer Stacking Parameters"

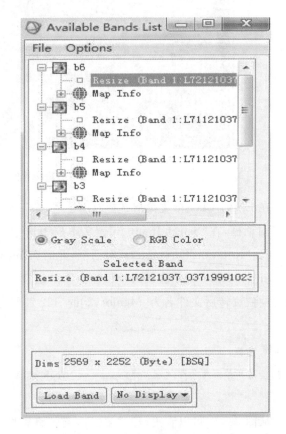

图 5-22　可利用波段列表

对话框中选中"b6［Band 1］""b5［Band 1］""b4［Band 1］""b3［Band 1］""b2［Band 1］""b1
［Band 1］"文件名,单击"Reorder Files..."（重新排序）按钮,弹出"Reorder Files"对话框,用鼠
标手动调整波段排列顺序（这里按从小到大顺序排列）,排好序后单击左下角"OK"按钮,在
"Layer Stacking Parameters"对话框中选中"b1［Band 1］""b2［Band 1］""b3［Band 1］""b4
［Band 1］""b5［Band 1］""b6［Band 1］"文件名,将"Output Result to"值设为"File",单击
"Choose"按钮,保存结果到"练习数据/2/层的叠加"文件夹下,命名为"layer.img",单击左
下角"OK"按钮,此时就将原来六个波段文件按照序号从小到大的顺序叠加成一个影像文件
了,如图 5 - 23 所示。

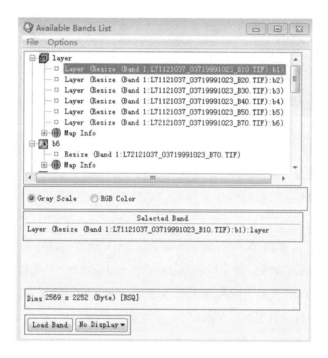

图 5 - 23　层的叠加

注意:
　层的叠加要求被叠加的影像要有地理信息,而且地图投影信息和坐标信息要一致。

四、掩膜

在 ENVI 主菜单单击"File"→"Open Image File",选中默认目录下文件名"can_
tmr.img",然后单击右下角"打开(O)"按钮,弹出可用波段列表,并以灰阶或彩色影像形式
打开。下面以"打开'543 波段'影像"为例,在 ENVI 主菜单下单击"File"→"Open Vector
File",双击默认目录下"Vector"文件夹,选中"can_v3.evf",单击右下角"打开(O)"按钮,单
击"Select All Layers",再单击"Load Selected",在弹出的窗口选中"Display ♯1",单击左下

角"OK"按钮即可完成矢量文件在影像上的叠加,如图 5 - 24 所示。

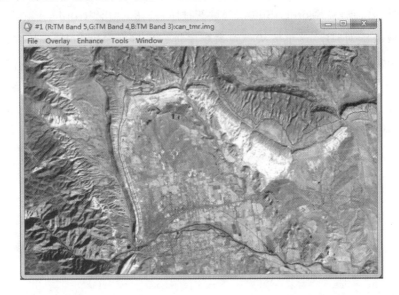

图 5 - 24　矢量文件的叠加

第一步,建立掩膜(Build Mask):在 ENVI Classic 主菜单选择"Basic Tools"→"Masking"→"Build Mask",弹出"Mask Defi..."对话框;选中"Display ♯1",单击"OK"按钮,弹出"♯1 Mask Definition"对话框,单击"Options"→"Import EVFs..."(如果是感兴趣区,就选择"Import ROIs..."),弹出"Mask Definition Input EVFs"对话框;选中已加载矢量文件或者单击"Select All Items"按钮,单击"Mask Definition Input EVFs"对话框左下角"OK"按钮,将"Output Result to"值设为"Memory",单击左下角"Apply"按钮。在可用波段列表中双击[Memory1]文件名下的"Mask Band",完成掩膜区影像加载,如图 5 - 25 所示。

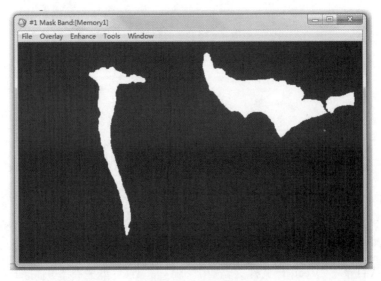

图 5 - 25　掩膜区

第二步，运用掩膜（Apply Mask）：在 ENVI Classic 主菜单选择"Basic Tools"→"Masking"→"Apply Mask"，弹出"Apply Mask Input File"对话框；在"Select Input File"文本框中选中"can_tmr. img"文件名，单击"Select Mask Band"按钮，弹出"Select Mask Input Band"对话框，选中[Memory1]文件名下的"Mask Band"，单击左下角"OK"按钮，单击"Apply Mask Input File"对话框左下角"OK"按钮，弹出"Apply Mask Parameters"对话框，将"Mask Value"（背景）值设为"255"（白色），"Output Result to"值设为"Memory"，最后单击左下角"OK"按钮得到掩膜后的影像，并将掩膜后的"543 波段"影像打开，如图 5 - 26 所示。

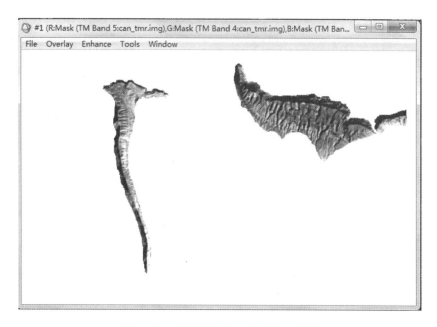

图 5 - 26　掩膜后的"543 波段"合成影像

思考与练习

1. 加载"bhtmref. img"文件，并对该文件进行裁剪，裁剪范围：100 列到 249 列，150 行到 399 行，只对"543 波段"进行裁剪，裁剪后的影像形成一个新文件。

2. 加载"bhtmref. img"文件，打开其真彩色影像，在主影像上画一感兴趣区，然后按此感兴趣区对"bhtmref. img"文件中的"432 波段"进行裁剪。

3. 加载"bhtmref. img"文件，打开其真彩色影像，在主影像上新建一矢量，然后按此矢量对"bhtmref. img"文件进行裁剪，并将矢量叠加到裁剪后的真彩色影像上。

4. 加载"bhtmref. img"文件，打开其标准假彩色影像，并对标准假彩色影像进行裁剪，裁剪范围为：纬度从 44°10′30″到 44°13′30″，经度从 −107°48′30″到 −107°42′30″。

5. 加载"bhtmref. img"文件，打开其"543 波段"影像，先将"543 波段"影像向左旋转 15°，然后将旋转后的影像再旋转回来。

6. 加载"can_tmr. img"文件，打开其真彩色影像，在主影像上画一感兴趣区，然后按此感兴趣区对"can_tmr. img"文件中的"432 波段"影像进行掩膜，掩膜背景色为白色。

实验六 影像几何校正

实验目的

通过本次实验,帮助实验者熟练掌握在 ENVI 中对影像进行影像到影像的配准、影像到地图的校正和自动配准等基本操作。

实验内容

(1)影像到影像的配准;

(2)影像到地图的校正;

(3)自动配准。

实验数据

练习数据:3 - TM 与 spot(bldr_sp. img,bldr_sp. hdr,bldr_tm. img,bldr_tm. hdr,bldr_rd. dlg);地形图(sz - xwz. tif);自动配准(sz - pan. img,sz - pan. hdr,sz - mul. img,sz - mul. hdr)。

实验步骤

ENVI 几何校正(Registration)有五个选项:(1)Select GCPs:Image to Image(此时需要事先在两窗口同时打开基准影像和要配准的影像);(2)Select GCPs:Image to Map(此时需要事先打开要校正的影像);(3)Warp from GCPs:Image to Image(此时不需要事先在两窗口同时打开基准影像和要配准的影像);(4)Warp from GCPs:Image to Map(此时不需要事先打开要校正的影像);(5)Automatic Registration:Image to Image(自动配准时启用,不需要事先同时在两窗口打开基准影像和要配准的影像)。

双击桌面"ENVI Classic 5. 5 (64 - bit)"或"ENVI Classic 5. 5 + IDL 8. 7 (64 - bit)"图标,或者依次单击"开始"→"所有程序"→"ENVI 5. 5"→"Tools"→"ENVI Classic 5. 5 (64 - bit)"或"ENVI Classic 5. 5 + IDL 8. 7 (64 - bit)",启动 ENVI。

一、影像到影像的配准

1. 打开基准影像和配准影像

在 ENVI 主菜单单击"File"→"Open Image File",选中"C:\Users\Administrator\Desktop\练习数据\3\TM 与 spot"目录下文件名"bldr_sp.img"(10 米分辨率,有地理信息)和"bldr_tm.img"(30 米分辨率,无地理信息);然后单击右下角"打开(O)"按钮,弹出可用波段列表,将"bldr_tm.img"下的"432 波段"影像(TM 影像)打开,再将"bldr_sp.img"影像(Spot 影像)在新窗口打开,如图 6-1 所示。

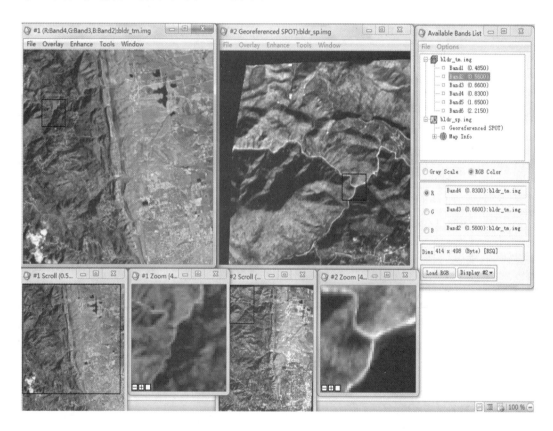

图 6-1　TM 影像和 Spot 影像

2. 启动几何配准模块

在 ENVI 主菜单下单击"Map"→"Registration"→"Select GCPs:Image to Image",弹出"Image to Image Registration"对话框。将"Base Image"(基准影像)赋值"Display ♯2"(有地理信息),将"Warp Image"(配准影像)赋值"Display ♯1"(无地理信息),单击左下角"OK"按钮,弹出"Ground Control Points Selection"对话框,其菜单命令及功能见表 6-1、表 6-2,单击"Show List"按钮,弹出"Image to Image GCP List"对话框,其数据表字段及其含义见表 6-3。

表 6-1 Ground Control Points Selection 对话框菜单命令及功能

菜单命令	功能
File	文件
Save GCPs to ASCII...	保存 GCP 为 ASCII 文件
Save Coefficients to ASCII...	将多项式系数保存为 ASCII 文件
Restore GCPs from ASCII...	从 ASCII 文件中打开 GCP
Cancel	取消
Option	选项
Warp Displayed Band...	配准当前显示的波段
Warp File...	配准整个文件
Warp Displayed Band(as Image to Map)...	校正当前显示的波段
Warp File(as Image to Map)...	校正整个文件
Reverse Base/Warp	颠倒基准影像和被校正影像角色
1st Degree(RST Only)	选择使用 RST 模型来计算误差
Auto Predict	打开/关闭自动预测点功能
Label Points	打开/关闭 GCP 标签
Order Points by Error	打开/关闭根据误差从大到小对 GCPs 排序
Clear All Points	删除所有控制点
Set Point Colors...	设置控制点颜色
Automatically Generate Tie Points...	启动自动寻找同名点(Tie)功能

注:①几何校正是消除遥感影像几何畸变的过程。几何校正通常是借助一组地面控制点对一幅遥感影像进行地理坐标的校正,校正后使影像具有地图投影和地理坐标信息。②几何配准是将不同时间、不同波段、不同传感器所获得的同一地区遥感影像或数据,经几何变换后使同名点完全重合。几何配准通常是用一幅遥感影像对另一幅遥感影像的校准。③几何校正和几何配准的原理或过程完全一样,但是意义和目的不同,二者既有联系又有区别。

表 6-2 Ground Control Points Selection 对话框其他按钮及功能

选择文本框	功能
Base X	基准影像上的 Zoom 显示窗口十字光标的 X 像素坐标(列数)
Base Y	基准影像上的 Zoom 显示窗口十字光标的 Y 像素坐标(行数)
Warp X	校正影像上的 Zoom 显示窗口十字光标的 X 像素坐标(列数)
Warp Y	校正影像上的 Zoom 显示窗口十字光标的 Y 像素坐标(行数)
Degree	预测控制点、计算误差(RMS)多项式次数(n)
按钮	功能
Add Point	添加控制点

（续表）

选择文本框	功能
Predict	预测点位置,当控制点数量达到多项式最少点要求时可用
Show/Hide List	显示/关闭控制点列表
Delete Last Point	删除最后一个收集的控制点
标签	意义
Number of Selected Points	已收集的控制点个数,最少控制点数量用$(n+1)\times(n+2)/2$来计算,n表示多项式次数
RMS Error	累积误差(单位:像元),一般要求小于1像元

表 6-3　Image to Image GCP List 数据表字段及其含义

字段	含义
Base X	GCP 对应基准影像 X 像素坐标
Base Y	GCP 对应基准影像 Y 像素坐标
Warp X	GCP 对应校正影像 X 像素坐标
Warp Y	GCP 对应校正影像 Y 像素坐标
Predict X	预测 GCP 对应校正影像 X 像素坐标
Predict Y	预测 GCP 对应校正影像 Y 像素坐标
Error X	GCP 的 X 坐标误差,Error $X=$ Predict $X-$ Warp X
Error Y	GCP 的 Y 坐标误差,Error $Y=$ Predict $Y-$ Warp Y
RMS	GCP 的 X、Y 总误差,RMS$=\sqrt{(\text{Error } X)^2+(\text{Error } Y)^2}$
Go to	在 GCP 列表中选择所需的 GCPs,然后点击"Go to"按钮,将缩放窗口定位到所选的 GCPs 处
On/Off	开启/关闭 GCP
Delete	删除选择的 GCP
Update	交互式更新 GCP 的位置:在 GCP 列表中选择要更新的点,在基准影像与校正影像中重新定位缩放窗口,在 GCP 列表中点击 Update 按钮,在 GCP 列表和两幅影像中所选 GCP 位置将被新的 GCP 位置代替
Hide List	隐藏 GCP 列表

3. 采集地面控制点

在基准影像和配准影像上找同名点,先在基准影像上找特征明显的点,然后在配准影像上找与其对应的同名点,找到以后单击"Add Point"按钮,第一个特征点就加载进来了,当找到 3 个同名点后,"Predict"按钮由灰色状态变为可编辑状态,此时只需在基准影像上找特征明显的点,单击"Predict"按钮,在配准影像上很容易找到与其对应的同名点,适当调整位置

即可单击"Add Point"按钮,按照这种方法继续找点,这里一共找了 10 个同名控制点,并将控制点保存为"spot&tm.pts",如图 6-2 所示。

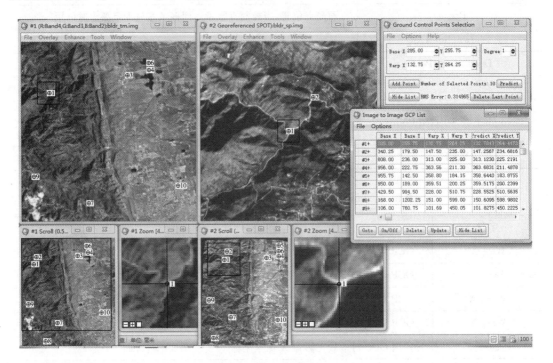

图 6-2　特征明显的点的选取

4. 选择配准参数并输出结果

在"Ground Control Points Selection"对话框单击"Options"→"Warp File…"按钮,弹出"Input Warp Image"对话框,在"Select Input File"文本框中选中"bldr_tm.img"文件名,单击左下角"OK"按钮,弹出"Registration Parameters"对话框。将"Method"赋值"Polynomial"(多项式)、"Degree"赋值"1"、"Resampling"赋值"Nearest Neighbor"、"Background"赋值"0"、"Output Result to"赋值"File",单击"Choose"按钮,保存到"练习数据"文件夹下,命名为"bldr_tm_jz.img",最后单击左下角"OK"按钮得到几何配准后的影像。配准后的影像分辨率为 10m,具有地理信息,将其"432 波段"影像打开,如图 6-3 所示。

　　也可在 ENVI 主菜单选择"Map"→"Registration"→"Warp from GCPs:Image to

图6-3　几何配准后的"432波段"影像

Image"来配准。

此时只需将"练习数据\3\TM与spot"目录下"bldr_sp.img"和"bldr_tm.img"加载到可用波段列表,不需要打开影像;然后选择"Map"→"Registration"→"Warp from GCPs: Image to Image",弹出"Enter GCP Filename"对话框;选中"spot&tm.pts"文件名,单击右下角"打开(O)"按钮,弹出"Input Warp Image"对话框;在"Select Input File"文本框中选中"bldr_tm.img"文件名,单击左下角"OK"按钮,弹出"Input Base Image"对话框;在"Select Input File"文本框中选中"bldr_sp.img"文件名,单击左下角"OK"按钮,弹出"Registration Parameters"对话框。将"Method"赋值"Polynomial"(多项式)、"Degree"赋值"1"、"Resampling"赋值"Nearest Neighbor"、"Background"赋值"0"、"Output Result to"赋值"Memory",最后单击左下角"OK"按钮,得到与上面结果一样的几何配准影像。

二、影像到地图的校正

1. 通过已知地理坐标校正影像

(1)同时打开含已知地理坐标的影像和校正影像。在ENVI主菜单单击"File"→"Open Image File",选中"C:\Users\Administrator\Desktop\练习数据\3\TM与spot"目录下文件名"bldr_sp.img"(含已知地理坐标的影像)和"bldr_tm.img",然后单击右下角"打开(O)"按钮,弹出可用波段列表。同时将"bldr_tm.img"下的"432波段"影像(TM影像)打开,再将"bldr_sp.img"(Spot影像)在新窗口打开,并查看其地理信息,如图6-4所示。

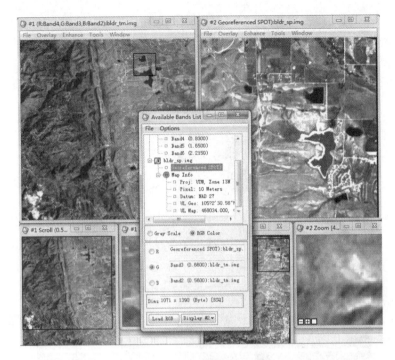

图 6-4　TM 影像和 Spot 影像

（2）启动几何校正模块。在 ENVI 主菜单下单击"Map"→"Registration"→"Select GCPs：Image to Map"，弹出"Image to Map Registration"对话框，如图 6-5 所示。

图 6-5　"Image to Map Registration"对话框参数设置

将"Input Display"赋值"Display ♯1"（要校正的影像窗口），根据"bldr_sp.img"地理信息将"Select Registration Projection"赋值"UTM"，"Zone"赋值"13"，选择北半球"N"；"X Pixels Size"赋值"30"，"Y Pixels Size"赋值"30"，单击左下角"OK"按钮，弹出"Ground Control Points Selection"对话框。

（3）采集地面控制点。在"bldr_sp.img"主影像窗口选择"Tools"→"Pixel Locator..."，弹出"Pixel Locator"对话框。在含已知地理坐标的影像和校正影像上找同名点，先用鼠标在"SPOT"影像上单击特征明显的点，此时该点的坐标就锁定在"Pixel Locator"对话框；然后在校正影像上找到与其对应的同名点，在校正影像缩放窗口适当调整十字丝位置。在"Pixel Locator"对话框中单击"Export"按钮，其坐标值就传到"Ground Control Points Selection"对话框中（也可根据"Pixel Locator"对话框中的坐标，在"Ground Control Points Selection"对话框中手动输入），此时在"Ground Control Points Selection"对话框中单击"Add Point"按钮，第一个特征明显点的坐标就加载进来了，如图6-6所示。按照这种方法传输8个点坐标，并将控制点保存为"tm.pts"。

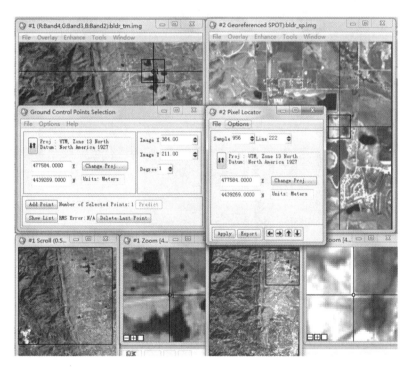

图6-6　特征明显点坐标的采集

注意：

如果知道若干已知点的坐标，只需在校正影像上分别找到相应已知点，然后在"Ground Control Points Selection"对话框中直接输入其坐标，单击"Add Point"按钮即可。

（4）选择校正参数并输出结果。在"Ground Control Points Selection"对话框单击"Options"→"Warp File..."按钮，弹出"Input Warp Image"对话框，在"Select Input File"文本框中选中"bldr_tm.img"文件名，单击左下角"OK"按钮，弹出"Registration Parameters"对话框。将"Method"赋值"Polynomial"（多项式）、"Degree"赋值"1"、"Resampling"赋值"Nearest Neighbor"、"Background"赋值"0"、"Output Result to"赋值"File"，单击"Choose"按钮，保存到"练习数据"文件夹下，命名为"bldr_tm_tmjz.img"，最后单击左下角"OK"按钮得到几何校正后的影像，校正后的影像分辨率为30m，具有地理信息，将其"432波段"影像打开，如图6-7所示。

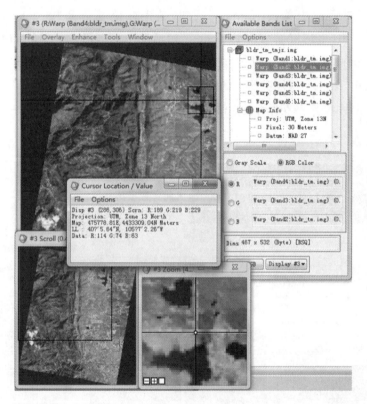

图6-7　几何校正后的"432波段"影像

也可在 ENVI 主菜单下选择"Map"→"Registration"→"Warp from GCPs：Image to Map"来校正。

此时只需将"练习数据\3\TM 与 spot"目录下"bldr_tm.img"加载到可用波段列表，不需要打开影像；然后选择"Map"→"Registration"→"Warp from GCPs：Image to Map"，弹出"Enter GCP Filename"对话框，选中"tm.pts"文件名，单击右下角"打开（O）"按钮，弹出"Image to Map Registration"对话框，将"Select Registration Projection"赋值"UTM"，"Zone"赋值"13"，选择北半球"N"；"X Pixels Size"赋值"30"，"Y Pixels Size"赋值"30"，单击左下角"OK"按钮，弹出"Input Warp Image"对话框，在"Select Input File"文本框中选中

"bldr_tm.img"文件名,单击左下角"OK"按钮,弹出"Registration Parameters"对话框,将"Method"赋值"Polynomial"、"Degree"赋值"1"、"Resampling"赋值"Nearest Neighbor"、"Background"赋值"0"、"Output Result to"赋值"Memory",最后单击左下角"OK"按钮,得到与上面结果一样的几何校正影像。

2. 通过数字线划图校正影像

(1)同时打开数字线划图和校正影像。在 ENVI 主菜单单击"File"→"Open Image File",选中"C:\Users\Administrator\Desktop\练习数据\3\TM 与 spot"目录下文件名"bldr_tm.img",然后单击右下角"打开(O)"按钮,弹出可用波段列表。同时将"bldr_tm.img"下的'432波段'影像打开,再在 ENVI 主菜单下单击"File"→"Open Vector File",弹出"Select Vector Filenames"对话框;单击右下角"USGS DLG(∗.dbf,∗.dlg)",选中"C:\Users\Administrator\Desktop\练习数据\3\TM 与 spot"目录下文件名"bldr_rd.dlg",单击右下角"打开(O)"按钮,弹出"Import Vector Files Parameters"对话框。将"Output Result to"赋值"Memory",单击左下角"OK"按钮,弹出"Available Vectors List"对话框;单击"Select All Layers"按钮,再单击"Load Selected",在弹出的新窗口中选中"New Vector Window",单击左下角"OK"按钮即可完成数字线划图的加载,如图6-8所示。

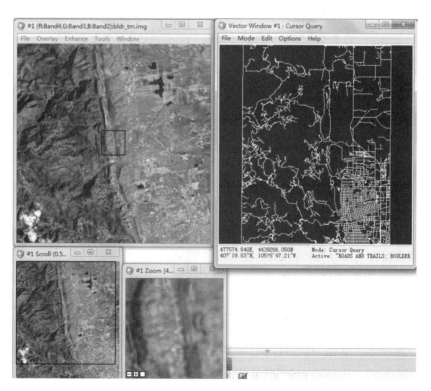

图6-8　TM影像和数字线划图

(2)启动几何校正模块。在 ENVI 主菜单下单击"Map"→"Registration"→"Select GCPs:Image to Map",弹出"Image to Map Registration"对话框,如图6-9所示。

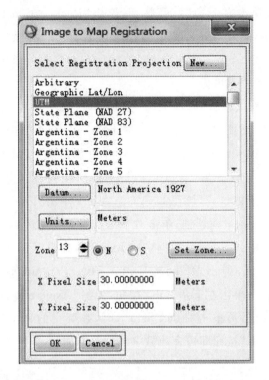

图 6 - 9   "Image to Map Registration"对话框参数设置

　　根据"bldr_rd. dlg"地理信息将"Select Registration Projection"赋值"UTM","Zone"赋值"13",选择北半球"N","X Pixels Size"赋值"30","Y Pixels Size"赋值"30",单击左下角"OK"按钮,弹出"Ground Control Points Selection"对话框。

　　(3)采集地面控制点。在数字线划图和校正影像上找同名点,先用鼠标在数字线划影像上单击特征明显的点,并右击鼠标选择"Export Map Location",该点坐标值就传到"Ground Control Points Selection"对话框中;然后在校正影像上找到与其对应的同名点,在校正影像上缩放窗口适当调整十字丝位置,此时在"Ground Control Points Selection"对话框中单击"Add Point"按钮,第一个特征点(控制点)坐标就加载进来了,按照这种方法传输 8 个点坐标,并将控制点保存为"dlg_tm. pts",如图 6 - 10 所示。

　　(4)选择校正参数并输出结果。在"Ground Control Points Selection"对话框中单击"Options"→"Warp File..."按钮,弹出"Input Warp Image"对话框,在"Select Input File"文本框中选中"bldr_tm. img"文件名,单击左下角"OK"按钮,弹出"Registration Parameters"对话框。将"Method"赋值"Polynomial"(多项式)、"Degree"赋值"1"、"Resampling"赋值"Nearest Neighbor"、"Background"赋值"0"、"Output Result to"赋值"File",单击"Choose"按钮,保存到"练习数据"文件夹下,命名为"bldr_tm_dlgjz. img",最后单击左下角"OK"按钮得到几何校正后的影像,校正后的影像分辨率为 30m,具有地理信息,将其"432 波段"影像打开,如图 6 - 11 所示。

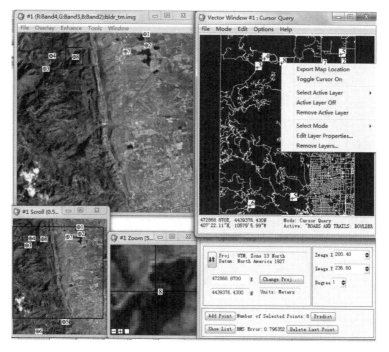

图 6-10　特征点(控制点)坐标的采集

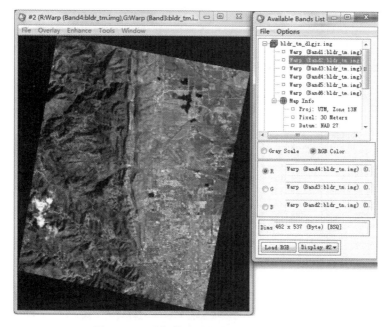

图 6-11　几何校正后的"432 波段"影像

3. 地形图扫描影像校正

(1)打开地形图扫描影像。在 ENVI 主菜单单击"File"→"Open Image File",选中"C:\ Users\Administrator\Desktop\练习数据\3\地形图"目录下文件名"sz-xwz.tif",然后单击右下角"打开(O)"按钮,弹出可用波段列表;再单击"Load RGB"按钮完成地形图扫描影像

的加载,如图 6 - 12 所示。

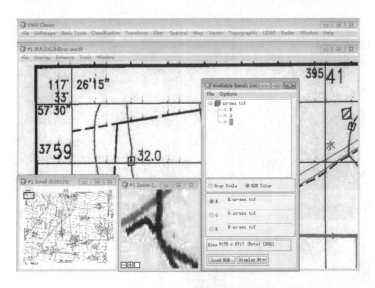

图 6 - 12　地形图扫描影像

(2)启动几何校正模块。在 ENVI 主菜单下单击"Map"→"Registration"→"Select GCPs:Image to Map",弹出"Image to Map Registration"对话框,如图 6 - 13 所示。

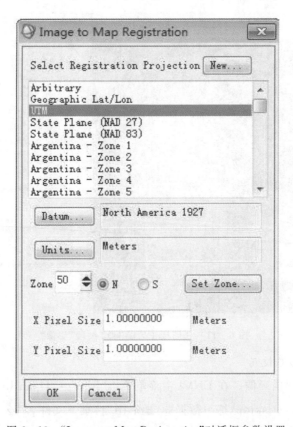

图 6 - 13　"Image to Map Registration"对话框参数设置

根据"sz－xwz.tif"图上经纬度信息,将"Select Registration Projection"赋值"UTM","Zone"赋值"50"(单击"Set Zone..."按钮输入研究区经纬度自动计算),选择北半球"N";"X Pixels Size"赋值"1.0","Y Pixels Size"赋值"1.0",单击左下角"OK"按钮,弹出"Ground Control Points Selection"对话框。

(3)采集地面控制点。先用鼠标在地形图扫描影像上单击公里网交叉点,查看该点直角坐标(X,Y),分别将 X 的值和 Y 的值手动输入到"Ground Control Points Selection"对话框中"E"和"N"文本框;然后单击"Add Point"按钮,第一个特征点(控制点)坐标就加载进来了(这里第一个点坐标 X 值为 541 000m,Y 值为 3 759 000m,而图中单位为 km),按照这种方法加载 7 个点,并将控制点保存为"sz－xwz.pts",如图 6－14 所示。

> **注意:**
> X 值前面的 39 为高斯投影带号,输入坐标时不用输入其值。

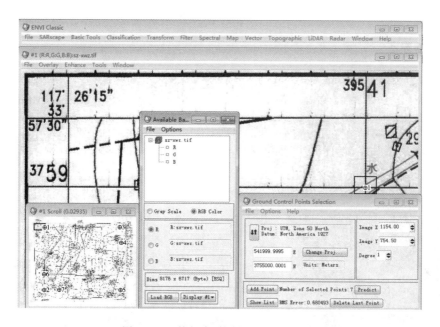

图 6－14　特征点(控制点)坐标的采集

(4)选择校正参数并输出结果。在"Ground Control Points Selection"对话框中单击"Options"→"Warp File..."按钮,弹出"Input Warp Image"对话框,在"Select Input File"文本框中选中"sz－xwz.tif"文件名,单击左下角"OK"按钮,弹出"Registration Parameters"对话框。将"Method"赋值"Polynomial"、"Degree"赋值"1"、"Resampling"赋值"Nearest Neighbor"、"Background"赋值"0"、"Output Result to"赋值"File",单击"Choose"按钮,保存到"练习数据"文件夹下,命名为"sz－xwzjz.img",最后单击左下角"OK"按钮得到几何校正后的地形图,校正后的地形图具有地理信息,将其影像打开,如图 6－15 所示。

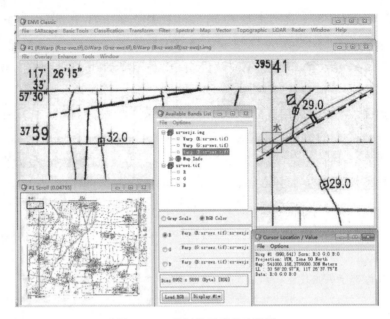

图 6-15　几何校正后的地形图

三、自动配准

1. 同时打开两自动配准影像

在 ENVI 主菜单单击"File"→"Open Image File",选中"C:\Users\Administrator\Desktop\练习数据\3\自动配准"目录下文件名"sz-pan.img"(全色波段)和"sz-mul.img"(多光谱波段),然后单击右下角"打开(O)"按钮,弹出可用波段列表,将两影像分别在"Display #1"和"Display #2"中打开,如图 6-16 所示。

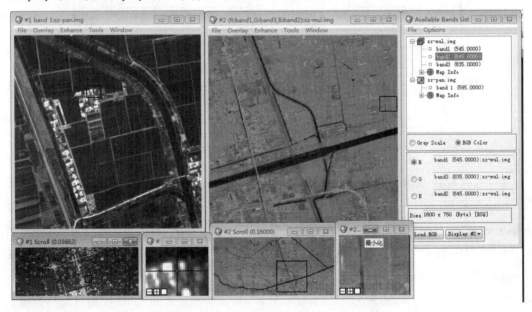

图 6-16　sz-pan.img 和 sz-mul.img 影像

将两影像进行动态链接,可以看到两影像中的同名点不重合,具有一定的间隔。

2. 启动几何配准模块

在 ENVI 主菜单下单击"Map"→"Registration"→"Automatic Registration：Image to Image",弹出"Select Input Band from Base Image"对话框,如图 6-17 所示。

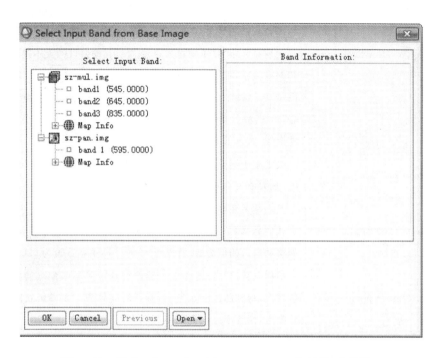

图 6-17　"Select Input Band from Base Image"对话框参数设置

在"Select Input Band"文本框中选中"sz-pan. img"下的"band 1"波段,单击左下角"OK"按钮,弹出"Select Input Warp File"对话框;在"Select Input File"文本框中选中"sz-mul. img"文件名,单击左下角"OK"按钮,弹出"Warp Band Matching Choice"对话框;在"Select warp band to use for matching"文本框中选中"band 2"波段,单击左下角"OK"按钮,弹出"ENVI Question"对话框,单击"否（N）"按钮,弹出"Automatic Registration Parameters"对话框,其具体含义见表 6-4。

表 6-4　自动配准参数及意义

参数	意义
Number of Tie Points	寻找最大匹配点数量,默认为 25 个
Search Window Size	搜索窗口的大小。搜索窗口是影像的一个子集,移动窗口在其中进行扫描寻找地形特性匹配。搜索窗口大小可以是大于或等于 21 的任意整数,并且必须比移动窗口大。其默认值为 81,即搜索窗口的大小为 81 像素×81 像素。该参数值越大,找到匹配点的可能性也越大,但同时要耗费更多的计算时间

（续表）

参数	意义
Moving Window Size	移动窗口的大小。移动窗口是在搜索窗口中进行检查，寻找地形特征匹配的小区域。移动窗口大小必须是奇数。最小的移动窗口大小是 5，即为 5 像素×5 像素。使用较大的移动窗口将会获得更加可靠的匹配结果，但需要更多的处理时间。默认设置值为 11，即移动窗口大小为 11 像素×11 像素。移动窗口的大小跟影像空间分辨率有关，根据如下所列设置：①≥10m 分辨率影像，设置值的范围是 9～15；②5m～10m 分辨率影像，设置值的范围是 11～21；③1m～5m 分辨率影像，设置值的范围是 15～41；④小于 1m 分辨率影像，设置值的范围是 21～81 或者更高
Area Chip Size	设定用于提取特征点的区域切片大小，默认值为 128，最小值为 64，最大值为 2 048
Minimum Correlation	最小相关系数。设定可以被认为是候选匹配点的最小相关系数，默认值为 0.7。如果使用了很大的移动窗口，把这个值设小一些，比如移动窗口的值为 31 甚至更大，最小相关系数设为 0.6 甚至更小
Point Oversampling	采样点数目。设定在一个影像切片中采集匹配点的数目。这个值越大，得到的匹配点越多，所花时间越长。如果想获取高质量的匹配点，而且不想检查匹配点，这个值推荐使用 2
Interest Operator	设定感兴趣运算的算法：Moravec 和 Forstner
Moravec	Moravec 算法计算某个像素和它周围临近像素的灰度值差异，运算速度要比 Forstner 快
Forstner	Forstner 算法计算并分析某个像素和周围临近像素的灰度梯度矩阵，匹配精度比 Moravec 高
Examine tie points before warping	校正影像之前是否需要检查匹配点（默认为"Yes"）

3. 采集地面控制点

在"Automatic Registration Parameters"对话框中单击左下角"OK"按钮，经过运算，得到控制点，如图 6 - 18 所示。

4. 选择配准参数并输出结果

在"Ground Control Points Selection"对话框中单击"Options"→"Warp File..."按钮，弹出"Input Warp Image"对话框；在"Select Input File"文本框中选中"sz - mul.img"文件名，单击左下角"OK"按钮，弹出"Registration Parameters"对话框，将"Method"赋值"Polynomial"、"Degree"赋值"1"、"Resampling"赋值"Nearest Neighbor"、"Background"赋值"0"、"Output Result to"赋值"File"，单击"Choose"按钮，保存到"练习数据"文件夹下，命名为"sz - muljz.img"，最后单击左下角"OK"按钮得到几何配准后的影像，将"sz -

muljz.img"和"sz - pan.img"影像同时打开并进行动态链接,会发现两影像中的同名点重合,如图 6 - 19 所示。

图 6 - 18　自动采集控制点

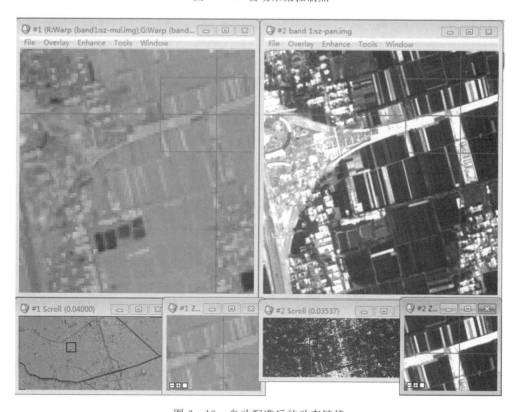

图 6 - 19　自动配准后的动态链接

思考与练习

1. 什么是几何校正？几何校正有哪几种方式？

2. 几何校正时控制点的选择要注意哪些事项？

3. 加载"sz – pan. img"和"sz – mul. img"文件，以"sz – pan. img"影像为基准影像，运用"Image to Image"和"Image to Map"对"sz – mul. img"影像进行几何校正。

4. 加载"sz – xwz. tif"文件，在不同输出分辨率的情况下对其几何校正，校正效果有何不同？

实验七 影像镶嵌

实验目的

通过本次实验,帮助实验者熟练掌握对遥感影像进行基于像素和地理坐标的镶嵌操作,以及遥感影像镶嵌过程中的注意事项。

实验内容

(1)基于像素的镶嵌;
(2)基于地理坐标的镶嵌。

实验数据

练习数据:4-影像镶嵌(dv06_2.img,dv06_2.hdr;dv06_3.img,dv06_3.hdr;mosaic_1.dat,mosaic_1.hdr;mosaic_2.dat,mosaic_2.hdr)。

实验步骤

双击桌面"ENVI Classic 5.5 (64-bit)"或"ENVI Classic 5.5 ＋ IDL 8.7 (64-bit)"图标,或者依次单击"开始"→"所有程序"→"ENVI 5.5"→"Tools"→"ENVI Classic 5.5 (64-bit)"或"ENVI Classic 5.5 ＋ IDL 8.7 (64-bit)",启动 ENVI。

一、基于像素的镶嵌

1. 打开两镶嵌影像

在 ENVI 主菜单单击"File"→"Open Image File",选中"C:\Users\Administrator\Desktop\练习数据\4\影像镶嵌"目录下文件名"dv06_2.img"和"dv06_3.img",然后单击右下角"打开(O)"按钮,弹出可用波段列表,将两影像分别在"Display ♯1"和"Display ♯2"中

打开,如图 7 - 1 所示。

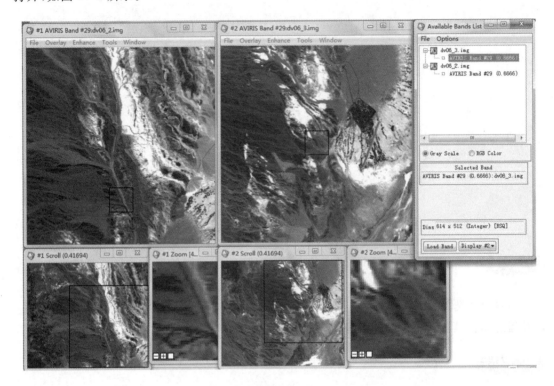

图 7 - 1 dv06_2. img 和 dv06_3. img 影像

从可用波段列表中可以看出这两影像的"Dims"都是 614×512。如果两影像从垂直方向镶嵌,窗口大小应为 614×1 024;如果从水平方向镶嵌,窗口大小应为 1 228×512;如果从斜对角线方向镶嵌,窗口大小应为 1 228×1 024。从两影像滚动窗口可以看出,"dv06_2. img"和"dv06_3. img"应从垂直方向镶嵌,而且"dv06_2. img"影像应放在"dv06_3. img"影像的上方。

2. 设置镶嵌窗口大小

在 ENVI 主菜单单击"Map"→"Mosaicking"→"Pixel Based",或者在 ENVI 主菜单单击"Basic Tools"→"Mosaicking"→"Pixel Based",弹出"Pixel Based Mosaic"对话框;单击"Import"→"Import Files…",弹出"Mosaic Input Files"对话框。在"Select Input File"文本框中选中"dv06_3. img"和"dv06_2. img"文件名,单击左下角"OK"按钮,弹出"Select Mosai…"对话框,将"Mosaic Xsize"值设为"614","Mosaic Ysize"值设为"1 024",单击左下角"OK"按钮,弹出"Pixel Mosaic 614×1 024"对话框,如图 7 - 2 所示。

注意:
此时两影像只能在"Pixel Mosaic 614×1 024"窗口中上下移动位置,不能左右移动位置。

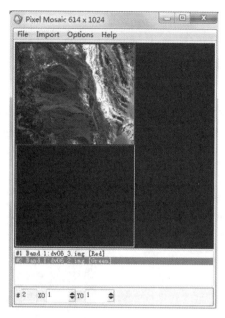

图 7 - 2　"Pixel Mosaic 614×1 024"对话框

3. 调整两镶嵌影像位置

"Pixel Mosaic 614×1 024"对话框左下角"♯1 Band 1:dv06_3. img［Red］"表示"在窗口中显示红色边界的影像是 dv06_3. img"，同理，"♯2 Band 1:dv06_2. img［Green］"表示"在窗口中显示绿色边界的影像是 dv06_2. img"。默认的是"dv06_2. img"叠加在"dv06_3. img"影像上面，可用鼠标在影像上右击并选中"Lower Image to Bottom"（将影像放到下面），"dv06_3. img"就叠加在"dv06_2. img"影像上面。此时用鼠标将"dv06_3. img"影像拉到矩形框最下方（也可将左下角"♯1"中"YO"值设为"513"并敲"Enter"键），如图 7 - 3 所示。

图 7 - 3　调整两镶嵌影像位置

4. 色彩均衡化

为了使镶嵌后的影像色调一致，需对镶嵌两影像进行色彩均衡化（即直方图匹配）。

在"Pixel Mosaic 614×1 024"对话框左下角选中"♯1 Band 1:dv06_3.img［Red］"（也可以选中"♯2 Band 1:dv06_2.img［Green］"）并右击，然后选择"Edit Entry…"，弹出"Entry：Band 1:dv06_3.img"对话框，其左下角"Color Balancing"（色彩均衡化）有三个选项可供选择：NO（没有）、Fixed（固定的）和 Adjust（调整的）。这里将"Color Balancing"赋值"Adjust"，并单击左下角"OK"按钮，如图 7-4 所示。

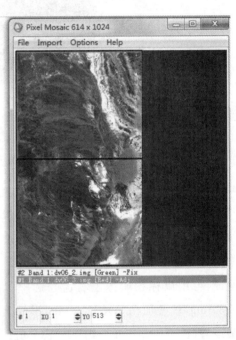

图 7-4　色彩均衡化

> **📢 注意：**
>
> 　　当"Color Balancing"赋值"Adjust"时，"Pixel Mosaic 614×1 024"对话框左下角另一文件名后面多了个"-Fix"后缀，符合色彩均衡化要求；而当"Color Balancing"赋值"Fixed"时，"Pixel Mosaic 614×1 024"对话框左下角另一文件名后面多了个"-Fix"后缀（即表示没有进行色彩均衡化），此时需要右击该文件名并选择"Edit Entry…"，在弹出的对话框中将"Color Balancing"赋值"Adjust"。

5. 执行镶嵌并输出结果

在"Pixel Mosaic 614×1 024"对话框中单击"File"→"Apply"，弹出"Mosaic Parameters"对话框，将"Output Result to"赋值"File"，单击"Choose"按钮，保存到"练习数据"文件夹下，命名为"dv06_mosaic.img"，其他参数值设为默认值，最后单击左下角"OK"按钮得到镶嵌影像，如图 7-5所示。

图 7-5 镶嵌结果

注意：

基于像素的镶嵌要求实验者要有敏锐的观察力，会找拼接处。一般情况下实验者怎么放置两影像，软件就怎么镶嵌。实验者可以试着调整镶嵌窗口大小，沿水平方向和斜对角线方向镶嵌。

二、基于地理坐标的镶嵌

1. 加载两镶嵌影像

在 ENVI 主菜单单击"File"→"Open Image File"，选中"C：\Users\Administrator\Desktop\练习数据\4\影像镶嵌"目录下文件名"mosaic_1.dat"和"mosaic_2.dat"，然后单击右下角"打开(O)"按钮，弹出可用波段列表，如图 7-6 所示。

从可用波段列表中可以看出两影像都有 7 个波段，而且都有地理信息，单击"Map Info"前面的"+"查看其地图投影和坐标系，两影像的地图投影和坐标系一致。

注意：

在进行基于地理坐标的影像镶嵌时，如果镶嵌两影像的地图投影和坐标系不一致，则需在影像镶嵌之前统一，否则影像镶嵌后变形大。同时，要求镶嵌两影像的重叠区至少达 20%。

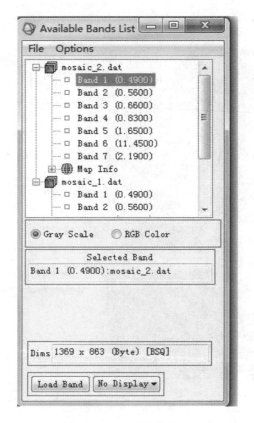

图 7-6　加载"mosaic_1. dat"和"mosaic_2. dat"文件

2. 启动镶嵌模块

在 ENVI 主菜单单击"Map"→"Mosaicking"→"Georeferenced",或者在 ENVI 主菜单单击"Basic Tools"→"Mosaicking"→"Georeferenced",弹出"Map Based Mosaic"对话框。单击"Import"→"Import Files…",弹出"Mosaic Input Files"对话框,在"Select Input File"文本框中选中"mosaic_2. dat"和"mosaic_1. dat"文件名,单击左下角"OK"按钮,弹出"Mosaic 1 548×1 547(UTM,Zone 13N〔NAD 27〕)"对话框,如图 7-7 所示。

3. 色彩均衡化

在"Mosaic 1 548×1 547(UTM,Zone 13N〔NAD 27〕)"对话框左下角选中"♯1 mosaic_2. dat〔Red〕"(也可以选中"♯2 mosaic_1. dat〔Green〕")并右击,然后选择"Edit Entry…",弹出"Entry:mosaic_2. dat"对话框,将"Color Balancing"赋值"Adjust",并单击左下角"OK"按钮。

4. 执行镶嵌并输出结果

在"Mosaic 1 548 × 1 547（UTM, Zone 13N〔NAD 27〕）"对话框中单击"File"→"Apply",弹出"Mosaic Parameters"对话框,将"Output Result to"赋值"File",单击"Choose"按钮,保存到"练习数据"文件夹下,命名为"mosaic. img",其他参数值设为默认值,最后单击左下角"OK"按钮得到镶嵌影像,并将镶嵌后的"123 波段"影像打开,如图 7-8 所示。

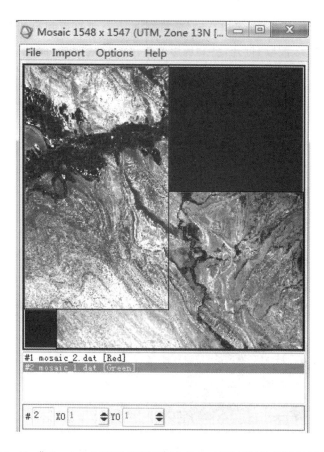

图 7 - 7　"Mosaic 1 548×1 547(UTM，Zone 13N［NAD 27］)"对话框

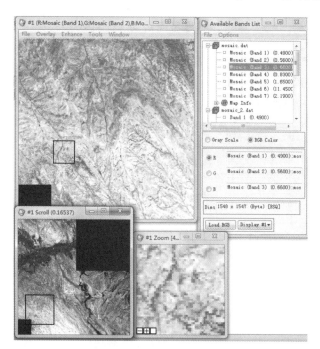

图 7 - 8　经均衡化镶嵌后的"123 波段"影像

如果不进行色彩均衡化,直接执行镶嵌,即跳过第三步直接到第四步,并将未进行色彩均衡化的镶嵌影像"123波段"打开,会发现影像拼接的接缝明显,而且拼接影像色调差异显著,如图7-9所示。

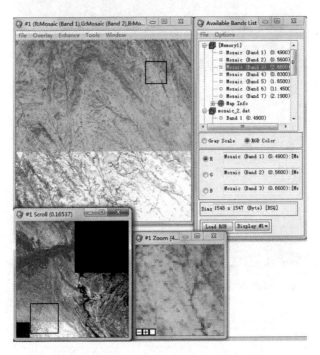

图7-9 未经均衡化镶嵌后的"123波段"影像

思考与练习

1. 什么是影像镶嵌? 影像镶嵌有哪些方法?

2. 在影像镶嵌过程中要注意哪些问题?

3. 加载"mosaic_1. dat"和"mosaic_2. dat"文件,运用基于像素的方法对其进行影像镶嵌,并观察经色彩均衡化影像镶嵌和未经色彩均衡化影像镶嵌的效果有何不同?

实验八 影像融合

实验目的

通过本次实验,帮助实验者了解数据融合的基本原理、数据融合过程,以及 HSV、Color Normalized(Brovey)、Gram - Schmidt Spectral Sharpening、PC Spectral Sharpening、CN Spectral Sharpening、Wavelet Fusion 和 Pan Sharpening 等融合方法,熟练掌握自动融合、半自动融合和手动融合的基本操作。

实验内容

(1)自动融合;

(2)半自动融合;

(3)手动融合。

实验数据

练习数据:5 - TM 与 spot(带地理信息)(bldr_sp. img,bldr_sp. hdr;bldr_tmjz. img,bldr_tmjz. hdr);Quickbird(qb_boulder_pan. img,qb_boulder_pan. hdr;qb_boulder_msi. img,qb_boulder_msi. hdr);TM 与 spot(不带地理信息)(lon_tm. img,lon_tm. hdr;lon_spot. img,lon_spot. hdr)。

实验步骤

如果需融合的两幅影像具有相同的地图投影和坐标系,可直接融合(CN 波谱融合除外,其需要有中心波长和半值波宽才可融合);如果需融合的两幅影像不具有地理坐标,则需融合的两影像要具有相同的地理区域、相同的分辨率和相同的尺寸大小(Gram - Schmidt Spectral Sharpening 除外)。

双击桌面"ENVI Classic 5.5 (64 - bit)"或"ENVI Classic 5.5 ＋ IDL 8.7 (64 - bit)"图标,或者依次单击"开始"→"所有程序"→"ENVI 5.5"→"Tools"→"ENVI Classic 5.5 (64 -

bit)"或"ENVI Classic 5.5 + IDL 8.7（64 - bit)"，启动 ENVI。

一、自动融合

在 ENVI 主菜单单击"File"→"Open Image File"，选中"C：\Users\Administrator\
Desktop\练习数据\5\TM 与 spot（带地理信息）"目录下文件名"bldr_sp. img"（10m 分辨
率）和"bldr_tmjz. img"（30m 分辨率），然后单击右下角"打开（O）"按钮，弹出可用波段列表，
将"bldr_sp. img"全色波段影像和"bldr_tmjz. img"的"543 波段"（或者其他三波段）影像打
开，如图 8-1 所示。可以看出融合前高分辨率影像是黑白而且清晰的（低的光谱分辨率和
高的空间分辨率），低分辨率影像可以合成彩色影像但清晰性相对较差（即高的光谱分辨率
和低的空间分辨率）。

图 8-1　"bldr_sp. img"的全色波段影像和"bldr_tmjz. img"的"543 波段"影像

1. HSV 变换融合

在 ENVI 主菜单单击"Transform"→"Image Sharpening"→"HSV"，弹出"Select Input
RGB"对话框。在"Select Input for Color Bands"对话框中选中"Display ♯2"（或者
"Available Bands List"，单击"OK"按钮，弹出"Select Input RGB Input Bands"对话框，在
"Available Bands List"文本框中依次单击"bldr_tmjz. img"下的"543 波段"，单击"OK"按
钮)，单击"OK"按钮，弹出"High Resolution Input File（输入高分辨率影像文件）"对话框；在
"Select Input Band"文本框中选中"bldr_sp. img"目录下的"Georeferenced SPOT"，单击
"OK"按钮，弹出"HSV Sharpening Parameters"对话框，将"Resampling"赋值"Nearest

Neighbor"、"Output Result to"赋值"File",单击"Choose"按钮,保存到"练习数据"文件夹下,命名为"bldr_hsv.img",最后单击左下角"OK"按钮得到 HSV 融合后的影像,如图 8-2 所示。

图 8-2　HSV 融合影像

> **注意:**
> HSV 融合具有改善纹理特征、空间分辨率保持较好、光谱信息损失大等特点,融合时需要三个波段。

2. Color Normalized(Brovey)融合

在 ENVI 主菜单单击"Transform"→"Image Sharpening"→"Color Normalized (Brovey)",弹出"Select Input RGB"对话框。在"Select Input for Color Bands"对话框中选中"Display #2"(或者"Available Bands List",单击"OK"按钮,弹出"Select Input RGB Input Bands"对话框,在"Available Bands List"文本框中依次单击"bldr_tmjz.img"下的"543 波段",单击"OK"按钮),单击"OK"按钮,弹出"High Resolution Input File(输入高分

辨率影像文件)"对话框,在"Select Input Band"文本框中选中"bldr_sp. img"目录下的"Geo-referenced SPOT",单击"OK"按钮,弹出"Color Normalized Sharpening Para..."对话框,将"Resampling"赋值"Nearest Neighbor"、"Output Result to"赋值"File",单击"Choose"按钮,保存到"练习数据"文件夹下,命名为"bldr_brovey. img",最后单击左下角"OK"按钮得到"Color Normalized(Brovey)"后的融合影像,如图 8 - 3 所示。

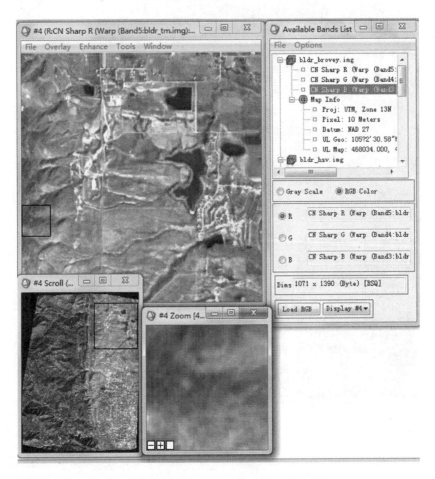

图 8 - 3　Color Normalized(Brovey)融合影像

注意:
　　Color Normalized(Brovey)融合时光谱信息保持较好,需要三个波段。

　　3. Gram - Schmidt Spectral Sharpening(高保真融合)

　　在 ENVI 主菜单单击"Transform"→"Image Sharpening"→"Gram - Schmidt Spectral Sharpening",或者在 ENVI 主菜单单击"Spectral"→"Gram - Schmidt Spectral Sharpening",弹出"Select Low Spatial Resolution Multi Band Input File(输入低分辨率多波段影像文件)"对话框,在"Select Input File"文本框中选中"bldr_tmjz. img"文件名,单击"OK"按钮,弹出"Select High

Spatial Resolution Pan Input Band(输入高分辨率全色波段)"对话框,在"Select Input Band"文本框中选中"bldr_sp. img"目录下的"Georeferenced SPOT",单击"OK"按钮,弹出"Gram – Schmidt Spectral Sharpen Paramet..."对话框,将"Resampling"赋值"Nearest Neighbor"、"Output Result to"赋值"File",单击"Choose"按钮,保存到"练习数据"文件夹下,命名为"bldr_GS. img",最后单击左下角"OK"按钮得到"Gram –Schmidt Spectral Sharpening"后的融合影像,将其"543 波段"影像打开,如图 8 – 4 所示。

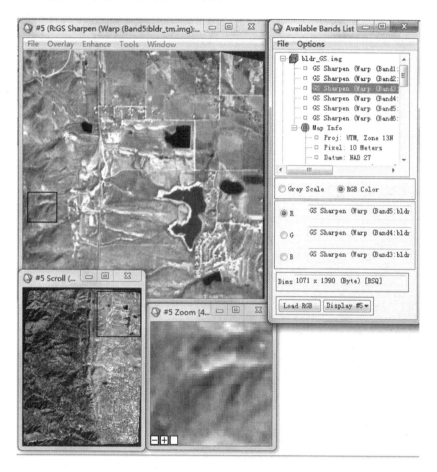

图 8 – 4　Gram – Schmidt Spectral Sharpening 后的融合影像

注意:

　　Gram – Schmidt Spectral Sharpening(高保真融合)改进了 PCA 中信息过分集中的问题,较好地保持空间纹理信息,尤其能高保真保持光谱特征,融合时不受波段限制。

4. PC Spectral Sharpening(主成分分析融合)

　　在 ENVI 主菜单单击"Transform"→"Image Sharpening"→"PC Spectral Sharpening",或者在 ENVI 主菜单单击"Spectral"→"PC Spectral Sharpening",弹出"Select Low Spatial

Resolution Multi Band Input File(输入低分辨率多波段影像文件)"对话框,在"Select Input File"文本框中选中"bldr_tmjz.img"文件名,单击"OK"按钮,弹出"Select High Spatial Resolution Input File(输入高分辨率影像文件)"对话框,在"Select Input Band"文本框中选中"bldr_sp.img"目录下的"Georeferenced SPOT",单击"OK"按钮,弹出"PC Spectral Sharpen Parameters"对话框,将"Resampling"赋值"Nearest Neighbor"、"Output Result to"赋值"File",单击"Choose"按钮,保存到"练习数据"文件夹下,命名为"bldr_PC.img",最后单击左下角"OK"按钮得到"PC Spectral Sharpening"后的融合影像,将其"543 波段"影像打开,如图 8-5 所示。

> **◀))** **注意:**
>
> PC Spectral Sharpening(主成分分析融合)光谱保持好,第一主成分信息高度集中,色调发生较大变化,融合时不受波段限制。

图 8-5 PC Spectral Sharpening 后的融合影像

5. CN Spectral Sharpening(CN 波谱融合)

在 ENVI 主菜单单击"Transform"→"Image Sharpening"→"CN Spectral Sharpening"，或者在 ENVI 主菜单单击"Spectral"→"CN Spectral Sharpening"，弹出"Select Low Spatial Resolution Image to be Sharpened(输入低分辨率影像文件)"对话框，在"Select Input File"文本框中选中"bldr_tmjz.img"文件名，单击"OK"按钮，弹出"Select High Spatial Resolution Sharpening Image(输入高分辨率影像文件)"对话框，在"Select Input File"文本框中选中"bldr_sp.img"文件名，单击"OK"按钮，弹出"CN Spectral Sharpening Parameters"对话框，将"Output Result to"赋值"File"，单击"Choose"按钮，保存到"练习数据"文件夹下，命名为"bldr_CN.img"，最后单击左下角"OK"按钮得到"CN Spectral Sharpening"后的融合影像，将其"543 波段"影像打开，如图 8-6 所示。

图 8-6　CN Spectral Sharpening 后的融合影像

注意：

　　CN 波谱融合对大的地貌类型效果好，可用于多光谱与高光谱的融合，需要中心波长和半值波宽，融合时不受波段限制。

6. Wavelet Fusion(小波融合)

在 ENVI 主菜单单击"Transform"→"Wavelet Fusion",弹出"Select Image A"对话框,在"Select Input File"文本框中选中"bldr_tmjz. img"文件名,单击"OK"按钮,弹出"Select Image B"对话框,在"Select Input Band"文本框中选中"bldr_sp. img"目录下的"Georeferenced SPOT",单击"OK"按钮,弹出"Wavelet Fusion"对话框,将"Output Result to"赋值"File",单击"Output Filename"按钮,保存到"练习数据"文件夹下,命名为"bldr_wavelet. img",最后单击左下角"Apply"按钮得到 Wavelet Fusion 融合后的影像,将其"543波段"影像打开,如图 8-7 所示。

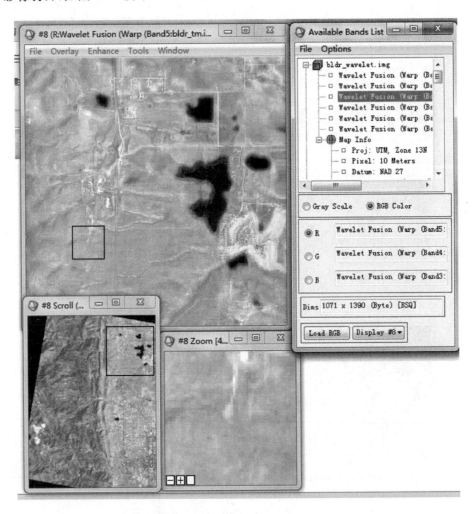

图 8-7 Wavelet Fusion 融合影像

7. Pan Sharpening(超分辨率贝叶斯法融合)

在 ENVI 主菜单单击"Spectral"→"SPEAR Tools"→"Pan Sharpening",弹出"Pan Sharpening"对话框。在"Input File"文本框中单击"Select High Res File…"按钮,弹出"Select Input Band from High Res File"对话框,在"Select Input Band"文本框中选中"bldr_

sp. img"目录下的"Georeferenced SPOT",单击"OK"按钮;在"Input File"文本框中单击
"Select Low Res File..."按钮,弹出"Select Input Low Res File"对话框,在"Select Input
File"文本框中选中"bldr_tmjz. img"文件名,单击"OK"按钮,弹出"Low Res Band Matching
Choice"对话框。在"Select low res band to use for matching"文本框中选中"Warp(Band 1:
bldr_tm. img)"波段,单击"OK"按钮,单击"Select Output File...",保存到"练习数据"文件
夹下,命名为"bldr_pansharp. img",其他参数为默认值,单击左下角"Next"按钮,在"Co_
Registration Parameters"文本框中选中"Select tie points automatically"选项,并将"Seed
Point Selection"文本框中"Use seed points"前面的"√"去掉,其他参数为默认值,单击左下
角"Next"按钮,弹出自动加载控制点界面。在"Pan Sharpening"对话框中,其他参数为默认
值,单击左下角"Next"按钮;在"Pan Sharpening"对话框中,其他参数为默认值,再单击左下
角"Next"按钮;最后单击"Finish"按钮得到 Pan Sharpening 后的融合影像,将其"543 波段"
影像打开,如图 8-8 所示。

图 8-8　Pan Sharpening 后的融合影像(1)

在 ENVI 主菜单单击"File"→"Open Image File",选中"C：\Users\Administrator\Desktop\练习数据\5\Quickbird"目录下文件名"qb_boulder_pan.img"（0.7m 分辨率）和"qb_boulder_msi.img"（2.8m 分辨率）；然后单击右下角"打开（O）"按钮，弹出可用波段列表，将"qb_boulder_pan.img"全色波段影像和"qb_boulder_msi.img"的"432 波段"影像打开，如图 8-9 所示。

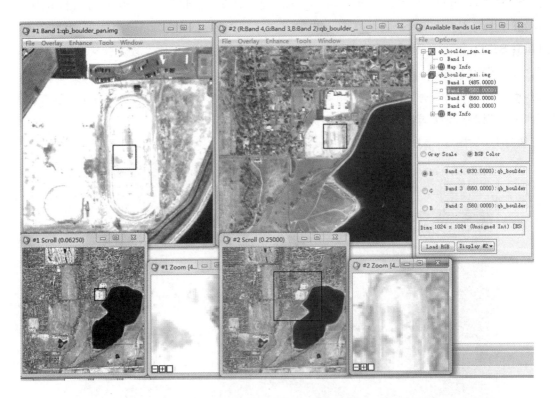

图 8-9 "qb_boulder_pan.img"全色波段影像和"qb_boulder_msi.img"的"432 波段"影像

在 ENVI 主菜单单击"Spectral"→"SPEAR Tools"→"Pan Sharpening",弹出"Pan Sharpening"对话框,在"Input File"文本框中单击"Select High Res File..."按钮,弹出"Select Input Band from High Res File"对话框,在"Select Input Band"文本框中选中"qb_boulder_pan.img"目录下的"Band 1",单击"OK"按钮;在"Input File"文本框中单击"Select Low Res File..."按钮,弹出"Select Input Low Res File"对话框,在"Select Input File"文本框中选中"qb_boulder_msi.img"文件名,单击"OK"按钮,弹出"Low Res Band Matching Choice"对话框。在"Select low res band to use for matching"文本框中选中"Band 1"波段,单击"OK"按钮,单击"Select Output File...",保存到"练习数据"文件夹下,命名为"qb_boulder_pansharp.img",其他参数为默认值,单击左下角"Next"按钮;在"Co_Registration Parameters"文本框中选中"Select tie points automatically"选项,并将"Seed Point Selection"文本框中"Use seed points"前面的"√"去掉,其他参数为默认值,单击左下角

"Next"按钮,弹出自动加载控制点界面。在"Pan Sharpening"对话框中,其他参数为默认值,单击左下角"Next"按钮;在"Pan Sharpening"对话框中,其他参数为默认值,再单击左下角"Next"按钮;最后单击"Finish"按钮得到 Pan Sharpening 融合后的影像,将其"432 波段"影像打开,如图 8-10 所示。

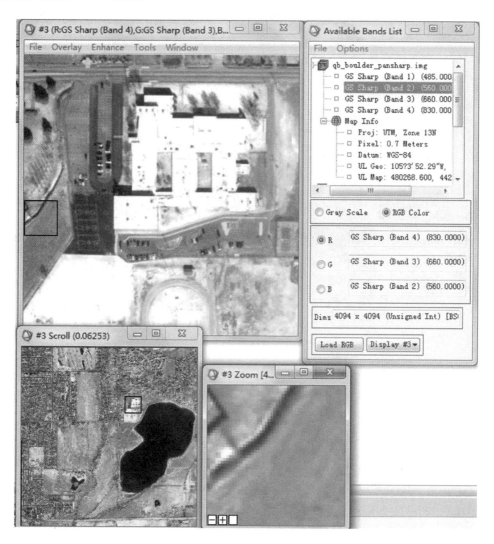

图 8-10　Pan Sharpening 后的融合影像(2)

注意:
　　超分辨率贝叶斯法融合专为最新高空间分辨率影像设计,能较好保持影像的纹理和光谱信息。

二、半自动融合

1. 加载两融合影像

在 ENVI 主菜单单击"File"→"Open Image File",选中"C:\Users\Administrator\

Desktop\练习数据\5\TM 与 spot(不带地理信息)"目录下文件名"lon_spot. img"和"lon_tm. img",然后单击右下角"打开(O)"按钮,弹出可用波段列表,将"lon_spot. img"和"lon_tm. img"影像打开,如图 8 - 11 所示。

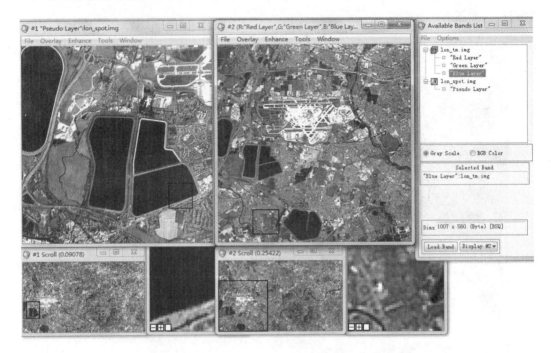

图 8 - 11　lon_spot. img 影像和 lon_tm. img 影像

从可利用波段列表中可以看出,Spot 影像的"Dims"为 2 820×1 569,TM 影像的"Dims"为 1 007×560。显然,Spot 影像的尺寸要比 TM 影像的尺寸大。经计算 2 820÷1 007＝2.800 4,1 569÷560＝2.801 8。

2. 调整影像大小

将 TM 影像的尺寸大小调整到与 Spot 影像的尺寸大小一致。在 ENVI 主菜单单击"Basic Tools"→"Resize Data (Spatial/Spectral)",弹出"Resize Data Input File"对话框;在"Select Input File"文本框中选中"lon_tm. img"文件名,单击左下角"OK"按钮,弹出"Resize Data Parameters"对话框,将"xfac"赋值"2.800 4"、"yfac"赋值"2.801 8",将"Resampling"赋值"Nearest Neighbor"、"Output Result to"赋值"File",单击"Choose"按钮,保存到"练习数据"文件夹下,命名为"lon_tmresize. img";单击左下角"OK"按钮,将调整后影像打开,如图 8 - 12 所示。

从可利用波段列表中可以看出,调整后的影像"Dims"为 2 820×1 569,和 Spot 影像的尺寸大小一致,从图 8 - 12 可以看出,影像尺寸虽然大了,但是影像变得模糊了。

3. 影像融合

以"lon_spot. img"影像为高分辨率影像,调整尺寸后的"lon_tmresize. img"影像为低分辨率影像进行融合。下面以"Gram - Schmidt Spectral Sharpening(高保真融合)方法"为例

图 8-12　尺寸调整后的影像

（注意：其他方法参照自动融合类似的过程去实现，这里 CN 波谱融合因没有中心波长做不了，Pan Sharpening 融合影像时要注意手动调整控制点）。

在 ENVI 主菜单单击"Transform"→"Image Sharpening"→"Gram-Schmidt Spectral Sharpening"，或者在 ENVI 主菜单单击"Spectral"→"Gram-Schmidt Spectral Sharpening"，弹出"Select Low Spatial Resolution Multi Band Input File"对话框；在"Select Input File"文本框中选中"lon_tmresize.img"文件名，单击"OK"按钮，弹出"Select High Spatial Resolution Pan Input Band"对话框；在"Select Input Band"文本框中选中"lon_spot.img"目录下的"Pseudo Layer"，单击"OK"按钮，弹出"Gram-Schmidt Spectral Sharpen Paramet..."对话框，将"Resampling"赋值"Nearest Neighbor"、"Output Result to"赋值"File"，单击"Choose"按钮，保存到"练习数据"文件夹下，命名为"lon_GS.img"；最后单击左下角"OK"按钮得到 Gram-Schmidt Spectral Sharpening 后的融合影像，将其影像打开，如图 8-13 所示。

图 8-13　Gram-Schmidt Spectral Sharpening 后的融合影像

三、手动融合

手动融合一般是按照先打开要融合的两影像、调整低分辨率影像尺寸、进行正变换、对高分辨率影像进行数据拉伸以及进行反变换的顺序进行。下面以"HSV 融合"为例进行介绍。

1. 加载两融合影像

在 ENVI 主菜单单击"File"→"Open Image File",选中"C:\Users\Administrator\Desktop\练习数据\5\TM 与 spot(不带地理信息)"目录下文件名"lon_spot. img"和"lon_tm. img",然后单击右下角"打开(O)"按钮,弹出可用波段列表,将"lon_spot. img"和"lon_tm. img"影像打开,如图 8-14 所示。

2. 调整影像大小

将 TM 影像的尺寸大小调整到与 Spot 影像的尺寸大小一致。在 ENVI 主菜单单击"Basic Tools"→"Resize Data (Spatial/Spectral)",弹出"Resize Data Input File"对话框;在"Select Input File"文本框中选中"lon_tm. img"文件名,单击左下角"OK"按钮,弹出"Resize Data Parameters"对话框,将"xfac"赋值"2. 800 4"、"yfac"赋值"2. 801 8",将"Resampling"赋值"Nearest Neighbor"、"Output Result to"赋值"File",单击"Choose"按钮,保存到"练习数据"文件夹下,命名为"lon_tmresize. img",单击左下角"OK"按钮,将调整后影像打开,如图 8-15 所示。

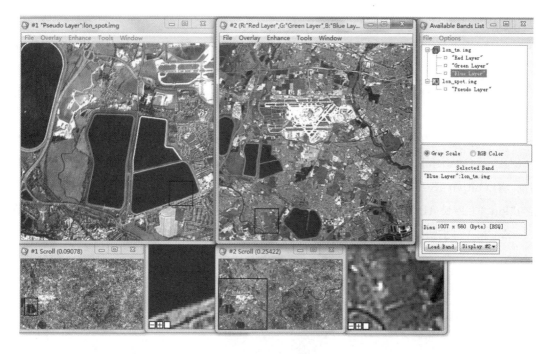

图 8 - 14　lon_spot.img 影像和 lon_tm.img 影像

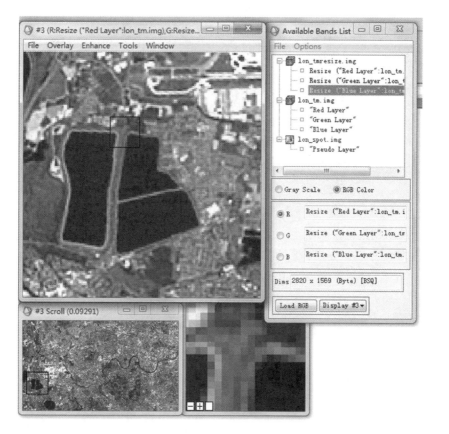

图 8 - 15　尺寸调整后的影像

3. HSV 正变换

在 ENVI 主菜单单击"Transform"→"Color Transforms"→"RGB to HSV",弹出"RGB to HSV"对话框,在"Select Input for Color Transform"文本框中选择"Available Bands List",单击左下角"OK"按钮,弹出"RGB to HSV Input Bands"对话框。在"Available Bands List"文本框中依次单击"lon_tmresize.img"文件名下的"Resize("Red Layer":lon_tm.img)""Resize("Green Layer":lon_tm.img)""Resize("Blue Layer":lon_tm.img)",单击"RGB to HSV Input Bands"对话框左下角"OK"按钮,弹出"RGB to HSV Parameters"对话框,将"Output Result to"赋值"File",单击"Choose"按钮,保存到"练习数据"文件夹下,命名为"lon_RGB to HSV.img",单击左下角"OK"按钮,并将经正变换后的影像依次按照 Hue、Sat 和 Val 打开,如图 8 - 16 所示。

图 8 - 16　经正变换的影像

4. 数据拉伸

在 ENVI 主菜单单击"Basic Tools"→"Stretch Data",弹出"Data Stretch Input File"对

话框;在"Select Input File"文本框中选择"lon_spot.img"文件名,单击左下角"OK"按钮,弹出"Data Stretching"对话框,将"Output Data Range"文本框中的"Min"和"Max"分别赋值"0"和"1","Output Result to"赋值"File",单击"Choose"按钮,保存到"练习数据"文件夹下,命名为"lon_spotstretch.img",其他参数值不变,单击左下角"OK"按钮,将数据拉伸后的影像打开,如图8-17所示。

图8-17　经数据拉伸后的影像

5. HSV反变换

在ENVI主菜单单击"Transform"→"Color Transforms"→"HSV to RGB",弹出"HSV to RGB Input Bands"对话框,将"H"赋值"lon_RGB to HSV.img"文件名下的"Hue",将"S"赋值"lon_RGB to HSV.img"文件名下的"Sat",将"V"赋值"lon_spotstretch.img"文件名下的"Stretch";单击"HSV to RGB Input Bands"对话框左下角"OK"按钮,弹出"HSV to RGB Parameters"对话框,将"Output Result to"赋值"File",单击"Choose"按钮,保存到"练习数据"文件夹下,命名为"lon_HSV to RGB.img";单击左下角"OK"按钮,并将经反变换后的影

像依次按照 Hue、Sat 和 Stretch 打开，即融合结果，如图 8-18 所示。

图 8-18　经 HSV 反变换的影像（融合结果）

思考与练习

1. 什么是影像融合？影像融合有哪些方法？

2. 加载"bldr_sp. img"和"bldr_tmjz. img"文件，然后将"bldr_sp. img"和"bldr_tmjz. img 的'432 波段'"影像进行自动融合（实验中列举的七种方法），哪种方法融合效果更好？

3. 加载"lon_spot. img"和"lon_tm. img"文件，先调整"lon_tm. img"影像的尺寸，使其与"lon_spot. img"影像尺寸一致，然后运用 HSV、Color Normalized（Brovey）、Gram-Schmidt Spectral Sharpening、PC Spectral Sharpening 和 Wavelet Fusion 等融合方法，对"lon_spot. img"影像与经调整尺寸后的"lon_tm. img"影像进行影像融合，哪种方法融合效果更好？

实验九 影像分类

实验目的

通过本次实验,帮助实验者熟悉非监督分类和监督分类的方法,熟练掌握其分类过程和分类精度评价,并学会分类后处理的基本操作。

实验内容

(1)非监督分类;

(2)监督分类;

(3)分类结果精度评价;

(4)分类后处理。

实验数据

软件自带数据:can_tmr. img(Canon City,TM Data), can_tmr. hdr(Header File);bhtmref. img,bhtmref. hdr。

实验步骤

双击桌面"ENVI Classic 5. 5 (64 - bit)"或"ENVI Classic 5. 5 ＋ IDL 8. 7 (64 - bit)"图标,或者依次单击"开始"→"所有程序"→"ENVI 5. 5"→"Tools"→"ENVI Classic 5. 5 (64 - bit)"或"ENVI Classic 5. 5 ＋ IDL 8. 7 (64 - bit)",启动 ENVI。

一、非监督分类

非监督分类不需要建立感兴趣区,根据像元的相似度直接分类,主要包括 IsoData 和 K - Means 两种方法。

在 ENVI 主菜单下单击"File"→"Open Image File",选中默认目录下文件名"bhtmref. img",然后单击右下角"打开(O)"按钮,弹出可用波段列表。

1. IsoData 分类

在 ENVI 主菜单下单击"Classification"→"Unsupervised"→"IsoData",弹出

"Classification Input File"对话框,在"Select Input File"文本框中选中"bhtmref. img"文件名,单击左下角"OK"按钮,弹出"ISODATA Parameters"对话框,如图 9 - 1 所示,其参数具体含义见表 9 - 1。

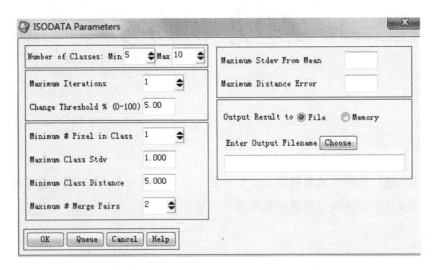

图 9 - 1　"ISODATA Parameters"对话框

表 9 - 1　ISODATA Parameters 参数及其含义

参数	含义
Number of Classes:Min,Max	分类数范围。一般情况下,最小分类数量不能小于最终分类数量,最大分类数量为最终分类数量的 2～3 倍
Maximum Iterations	最大迭代次数。一般情况下,最大迭代次数越大,得到的分类结果越精确,运算时间越长
Change Threshold ％(0-100)	变换阈值。当每一类的变化像元数小于阈值时,结束迭代过程,这个值越小得到的结果越精确,运算量也越大
Minimum ＃ Pixel in Class	输入形成一类所需要的最少像元数。如果某一类中的像元数小于最少像元数,该类就被删除,其中的像元被归并到距离最近的类别中
Maximum Class Stdv	最大分类标准差。以像素值为单位,如果某一类的标准差比该阈值大,该类将被拆分为两类
Minimum Class Distance	类别均值之间的最小距离。以像素值为单位,如果类别均值之间的最小距离小于输入的最小值,该类就被合并
Maximum ＃ Merge Pairs	合并类别最大值
Maximum Stdev From Mean	距离类别均值的最大标准差。这个为可选项,筛选小于这个标准差的像元参与分类
Maximum Distance Error	允许的最大距离误差。这个为可选项,筛选小于这个最大距离误差的像元参与分类

这里将"Number of Classes"中的"Min"赋值"4"、"Max"赋值"8",将"Maximum Iterations"赋值"10"、"Output Result to"赋值"File",单击"Choose"按钮,保存到"练习数据"文件夹下,命名为"bhtmrefIsoData.img",其他都是默认参数值,单击左下角"OK"按钮,并将分类结果影像打开,如图 9-2 所示。

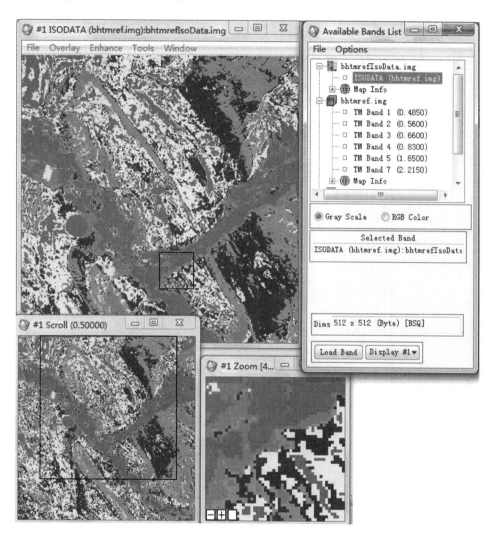

图 9-2 IsoData 分类结果

 注意:

当 Number of Classes 的 Min 值和 Max 值相等时,IsoData 分类结果就和 K-Means 分类结果一样了。

分类后处理在后面知识点中将单独详细介绍,这里只介绍常用的分类属性修改和结果统计。

(1)分类属性修改。在分类结果主影像上单击"Tools"→"Color Mapping"→"Class

Color Mapping..."按钮,弹出"♯ 1 Class Color Mapping"对话框,通过该对话框可以查看具体分类数("Selected Classes"文本框)、修改类别名称("Class Name"文本框)、修改类别颜色("Color"按钮)等,如图 9-3 所示。例如,在"Selected Classes"文本框中选中"Class 6",然后在"Class Name"文本框中输入"植被"并单击"Enter"键,类别名称就改过来了。

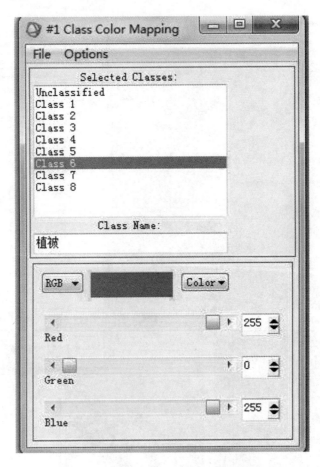

图 9-3 分类数显示、名称和颜色编辑

(2)分类结果统计。在 ENVI 主菜单下单击"Classification"→"Post Classification"→"Class Statistics",弹出"Classification Input File"对话框。在"Select Input File"文本框中选中"bhtmrefIsoData. img"文件名,单击左下角"OK"按钮,弹出"Statistics Input File"对话框;在"Select Input File"文本框中选中"bhtmrefIsoData. img"文件名,单击左下角"OK"按钮,弹出"Class Selection"对话框;单击左下角"Select All Items"(或者在"Select Classes"文本框中选择需要统计的类别),单击左下角"OK"按钮,弹出"Compute Statistics Parameters"对话框,将左上角"Basic Stats"和"Histograms"前面打上"√",再单击左下角"OK"按钮,弹出统计结果(包括每一类的像元数、百分比和面积,一般情况下,只有影像带地理坐标时才有面积统计,默认面积单位为 m^2,可通过在统计结果上单击"Options"→"Class Summary Area Units"→"Km",将面积单位改为 km^2),如图 9-4 所示。

> **注意:**
>
> 　　在已有掩膜区(或者按照"实验五"中的方法新建掩膜区)的情况下,可以只统计掩膜区内的分类结果。此时只需在"Statistics Input File"对话框中单击左下角"Select Mask Band"按钮,弹出"Select Mask Input Band"对话框,然后选中"掩膜文件"即可。做工程或项目时,大多采用此法。

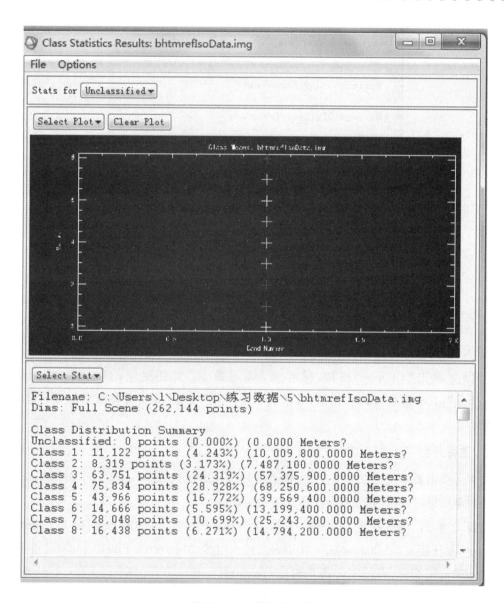

图 9 - 4　分类统计结果

2. K - Means 分类

在 ENVI 主菜单下单击"Classification"→"Unsupervised"→"K - Means",弹出"Classification Input File"对话框,在"Select Input File"文本框中选中"bhtmref. img"文件

名，单击左下角"OK"按钮，弹出"K‑Means Parameters"对话框，如图 9‑5 所示。

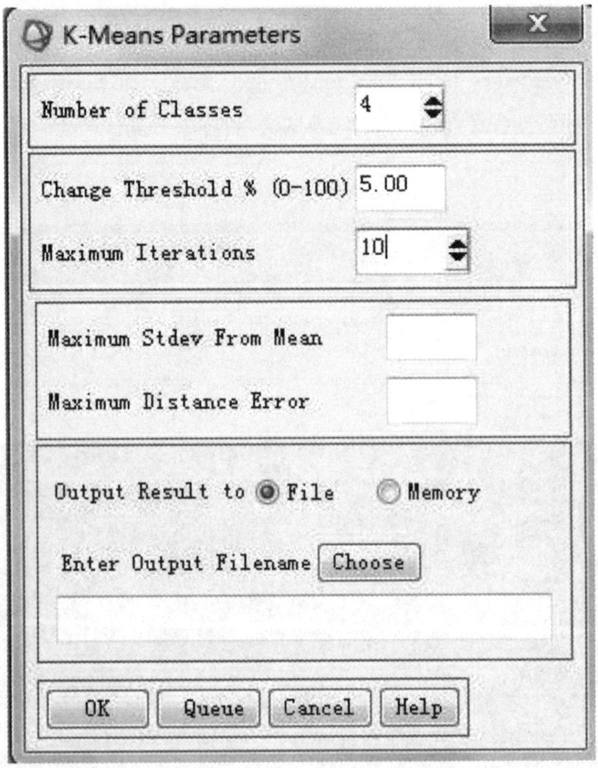

图 9‑5　"K‑Means Parameters"对话框

将"Number of Classes"赋值"4"、"Maximum Iterations"赋值"10"、"Output Result to"赋值"File"，单击"Choose"按钮，保存到"练习数据"文件夹下，命名为"bhtmrefK‑Means. img"，其他都是默认参数值，单击左下角"OK"按钮，并将分类结果影像打开，如图 9‑6所示。

二、监督分类

监督分类需要事先建立感兴趣区，并运用 ROI 可分离性（Compute ROI Separability）工具对感兴趣区进行评价，再选择分类方法进行分类。

监督分类的方法主要有九种：平行六面体（Parallelpiped）、最小距离（Minimum Distance）、马氏距离（Mahalanobis Distance）、最大似然（Maximum Likelihood）、波谱角分类（Spectral Angle Mapper）、波谱信息散度（Spectral Information Divergence）、二进制编码（Binary Encoding）、神经网络（Neural Net）和支持向量机（Support Vector Machine）。

1. 打开影像

在 ENVI 主菜单下单击"File"→"Open Image File"，选中默认目录下文件名"can_tmr. img"，然后单击右下角"打开（O）"按钮，弹出可用波段列表，并将一灰阶或彩色影像打开。这里打开"432 波段"合成影像。

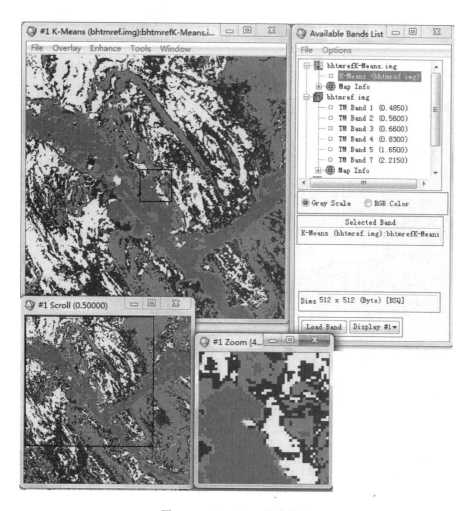

图 9 - 6　K - Means 分类结果

2. 建立感兴趣区

这里将影像分为沙地(青色)、林地(绿色)、其他(蓝色)、耕地(黄色)、草地(海绿色)、裸地(紫色)和建设用地(红色)7类。

在主影像窗口选择"Overlay"→"Region of Interest…",或者在主影像窗口选择"Tools"→"Region Of Interest"→"ROI Tool…",或者在主影像窗口任意位置右击鼠标然后选择"ROI Tool…",均可弹出"♯1 ROI Tool"对话框。在主影像白色上任意画一多边形,感兴趣区名为"沙地",颜色设为"青色",大小适中,第一次单击右键(多边形闭合),第二次单击右键(确定多边形),这里按此法画6个多边形。单击"New Region"按钮,按照这种方法依次建立林地(绿色)、其他(蓝色)、耕地(黄色)、草地(海绿色)、裸地(紫色)和建设用地(红色)的感兴趣区,如图9-7所示;最后单击"♯1 ROI Tool"对话框左上角"File"→"Save ROIs…"按钮,弹出"Save ROIs to File"对话框,单击左下角"Select All Items"按钮,再单击右下角"Choose"按钮,保存到"练习数据"文件夹下,命名为"fenlei. roi"。

再按照这种方法建立第二套感兴趣区,命名为"fenleiyanzheng. roi",主要用来对分类精度进行评价。

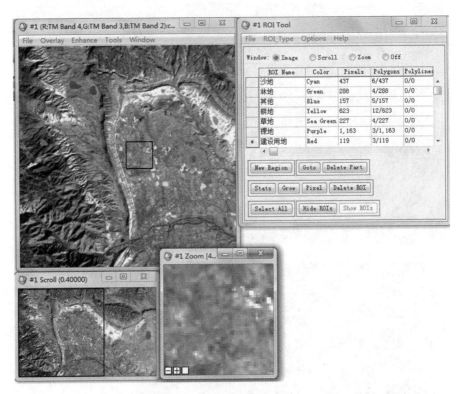

图 9-7　建立感兴趣区

3. 评价感兴趣区

ENVI 中通常使用 Compute ROI Separability 工具计算任意类别间的统计距离,用这个距离来评价两个类别间的差异性,这也是衡量感兴趣区可分离性的指标。类别间的统计距离是基于 Jeffries - Matusita 距离和 Transformed Divergence(转换分离度)来计算的。Jeffries - Matusita 和 Transformed Divergence 的值都是在 0 至 2 之间,如果其值大于 1.9,说明感兴趣区(样本)之间可分离性好,属于合格样本;如果其值小于 1.8,则需要重新选择样本;如果其值小于 1,需要考虑将两类样本合成为一类样本。

在上述建好的第一套感兴趣区的"♯1 ROI Tool"对话框中单击"Options"→"Compute ROI Separability…",弹出"Select Input File for ROI Separability"对话框,在"Select Input File"文本框中选中"can_tmr. img"文件名,单击左下角"OK"按钮,弹出"ROI Separability Calculation"对话框,单击左下角"Select All Items"按钮;最后再单击左下角"OK"按钮,弹出"ROI Separability Report"对话框,如图 9-8 所示。从图 9-8 中可以看出,所建第一套感兴趣区是合格样本。

按照这种方法将上述建好的第二套感兴趣区进行可分离性计算,如图 9-9 所示。从图9-9 中也可以看出,所建第二套感兴趣区也是合格样本。

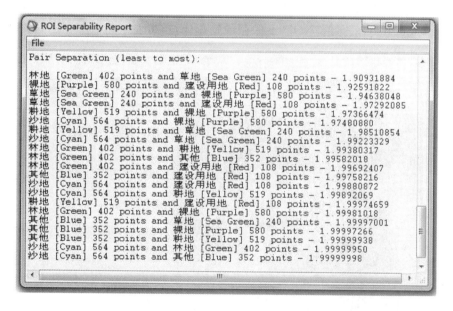

图9-8　感兴趣区(fenlei.roi)可分离性报表

ROI Separability Report

File

Pair Separation (least to most):

草地 [Sea Green] 227 points and 裸地 [Purple] 1163 points - 1.91320017
林地 [Green] 288 points and 草地 [Sea Green] 227 points - 1.92430214
林地 [Green] 288 points and 其他 [Blue] 157 points - 1.92605898
草地 [Sea Green] 227 points and 建设用地 [Red] 119 points - 1.95047193
沙地 [Cyan] 437 points and 裸地 [Purple] 1163 points - 1.95561281
裸地 [Purple] 1163 points and 建设用地 [Red] 119 points - 1.96382928
耕地 [Yellow] 623 points and 裸地 [Purple] 1163 points - 1.97101441
耕地 [Yellow] 623 points and 草地 [Sea Green] 227 points - 1.97798383
其他 [Blue] 157 points and 建设用地 [Red] 119 points - 1.99648655
沙地 [Cyan] 437 points and 草地 [Sea Green] 227 points - 1.99772449
其他 [Blue] 157 points and 草地 [Sea Green] 227 points - 1.99835771
沙地 [Cyan] 437 points and 建设用地 [Red] 119 points - 1.99892506
林地 [Green] 288 points and 耕地 [Yellow] 623 points - 1.99905122
耕地 [Yellow] 623 points and 建设用地 [Red] 119 points - 1.99950292
沙地 [Cyan] 437 points and 耕地 [Yellow] 623 points - 1.99979016
林地 [Green] 288 points and 建设用地 [Red] 119 points - 1.99983888
其他 [Blue] 157 points and 裸地 [Purple] 1163 points - 1.99994214
林地 [Green] 288 points and 裸地 [Purple] 1163 points - 1.99997719
其他 [Blue] 157 points and 耕地 [Yellow] 623 points - 1.99999709
沙地 [Cyan] 437 points and 其他 [Blue] 157 points - 1.99999995
沙地 [Cyan] 437 points and 林地 [Green] 288 points - 2.00000000

ROI Separability Report

File

Pair Separation (least to most):

林地 [Green] 402 points and 草地 [Sea Green] 240 points - 1.90931884
裸地 [Purple] 580 points and 建设用地 [Red] 108 points - 1.92591822
草地 [Sea Green] 240 points and 裸地 [Purple] 580 points - 1.94638048
草地 [Sea Green] 240 points and 建设用地 [Red] 108 points - 1.97292085
耕地 [Yellow] 519 points and 裸地 [Purple] 580 points - 1.97366474
沙地 [Cyan] 564 points and 裸地 [Purple] 580 points - 1.97480880
耕地 [Yellow] 519 points and 草地 [Sea Green] 240 points - 1.98510854
沙地 [Cyan] 564 points and 草地 [Sea Green] 240 points - 1.99223329
林地 [Green] 402 points and 耕地 [Yellow] 519 points - 1.99380317
林地 [Green] 402 points and 其他 [Blue] 352 points - 1.99582018
林地 [Green] 402 points and 建设用地 [Red] 108 points - 1.99692407
其他 [Blue] 352 points and 建设用地 [Red] 108 points - 1.99758216
沙地 [Cyan] 564 points and 建设用地 [Red] 108 points - 1.99880872
耕地 [Yellow] 519 points and 耕地 [Yellow] 519 points - 1.99892069
耕地 [Yellow] 519 points and 建设用地 [Red] 108 points - 1.99974659
林地 [Green] 402 points and 裸地 [Purple] 580 points - 1.99981018
其他 [Blue] 352 points and 草地 [Sea Green] 240 points - 1.99997001
其他 [Blue] 352 points and 裸地 [Purple] 580 points - 1.99999266
其他 [Blue] 352 points and 耕地 [Yellow] 519 points - 1.99999938
沙地 [Cyan] 564 points and 林地 [Green] 402 points - 1.99999950
沙地 [Cyan] 564 points and 其他 [Blue] 352 points - 1.99999998

图9-9　感兴趣区(fenleiyanzheng.roi)可分离性报表

4. 分类

为了统一和便于比较,在感兴趣区窗口删去第二套感兴趣区,加载第一套感兴趣区
(fenlei.roi),以下分类都是在第一套感兴趣区基础上进行的。

(1)平行六面体(Parallelpiped)。在 ENVI 主菜单下单击"Classification"→
"Supervised"→"Parallelpiped",弹出"Classification Input File"对话框,在"Select Input
File"文本框中选中"can_tmr.img"文件名,单击左下角"OK"按钮,弹出"Parallelpiped
Parameters"对话框,如图9-10所示。

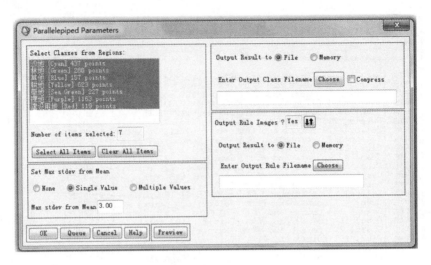

图 9 – 10 "Parallelpiped Parameters"对话框

单击"Select All Items"按钮,其他参数都是默认值。将"Output Result to"赋值"File",单击"Choose"按钮,保存分类结果到"练习数据"文件夹下,命名为"can_tmrParallel. img";将"Output Rule Images"赋值"NO",不保存规则影像,单击左下角"OK"按钮,并将分类结果影像打开,如图 9 – 11 所示。

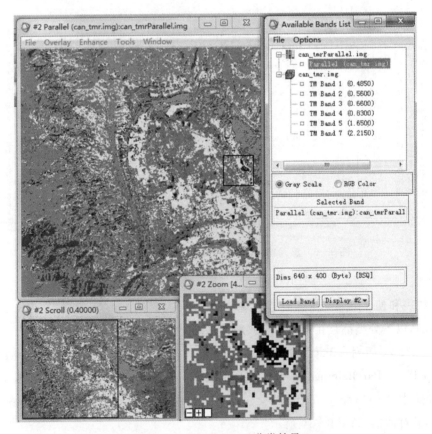

图 9 – 11 Parallelpiped 分类结果

◁》注意：

"Parallelpiped Parameters"对话框中"Set Max stdev from Mean"（设置标准差阈值）有三种类型："None"表示不设置标准差阈值；"Single Value"表示为所有类别设置一个标准差阈值；"Multiple Values"表示分别为每一个类别设置一个标准差阈值。单击"Preview"可以在右边窗口中预览分类结果。

（2）最小距离（Minimum Distance）。在 ENVI 主菜单下单击"Classification"→"Supervised"→"Minimum Distance"，弹出"Classification Input File"对话框，在"Select Input File"文本框中选中"can_tmr. img"文件名，单击左下角"OK"按钮，弹出"Minimum Distance Parameters"对话框，如图 9 - 12 所示。

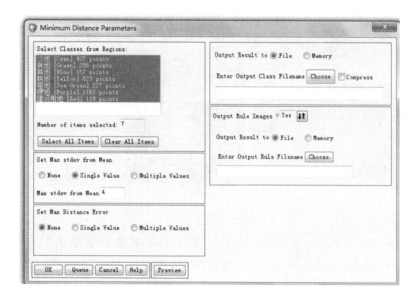

图 9 - 12　"Minimum Distance Parameters"对话框

单击"Select All Items"按钮，将"Max stdev from Mean"赋值"4"、"Set Max Distance Error"赋值"None"、"Output Result to"赋值"File"，单击"Choose"按钮，保存分类结果到"练习数据"文件夹下，命名为"can_tmrMinDist. img"；将"Output Rule Images"赋值"NO"，不保存规则影像，单击左下角"OK"按钮，将分类结果影像打开，如图 9 - 13 所示。

◁》注意：

"Minimum Distance Parameters"对话框中 "Set Max Distance Error"（设置最大距离误差）以"DN"值方式输入一个值，距离大于该值的像元不被分入该类（如果不满足所有类别的最大距离误差，就会被划分为未分类）。设置最大距离误差也有三种类型："None"表示不设置最大距离误差；"Single Value"表示为所有类别设置一个最大距离误差；"Multiple Values"表示分别为每一个类别设置一个最大距离误差。

图 9 - 13　Minimum Distance 分类结果

（3）马氏距离（Mahalanobis Distance）。在 ENVI 主菜单下单击"Classification"→"Supervised"→"Mahalanobis Distance"，弹出"Classification Input File"对话框，在"Select Input File"文本框中选中"can_tmr. img"文件名，单击左下角"OK"按钮，弹出"Mahalanobis Distance Parameters"对话框，如图 9 - 14 所示。

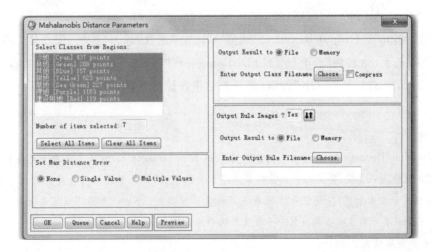

图 9 - 14　"Mahalanobis Distance Parameters"对话框

单击"Select All Items"按钮,将"Set Max Distance Error"赋值"None"、"Output Result to"赋值"File",单击"Choose"按钮,保存分类结果到"练习数据"文件夹下,命名为"can_tmrMahalDist.img";将"Output Rule Images"赋值"NO",不保存规则影像,单击左下角"OK"按钮,将分类结果影像打开,如图9-15所示。

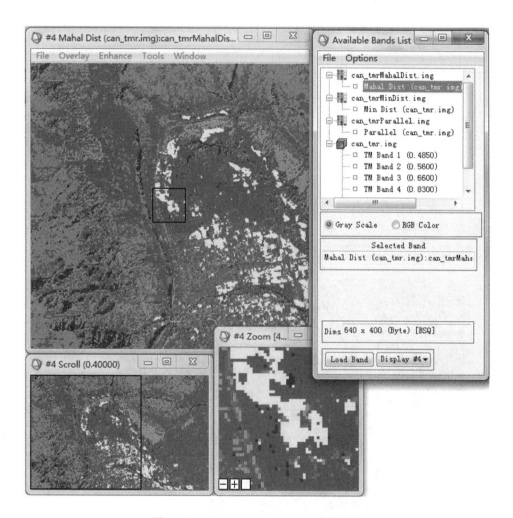

图9-15 Mahalanobis Distance 分类结果

(4)最大似然(Maximum Likelihood)。在 ENVI 主菜单下单击"Classification"→"Supervised"→"Maximum Likelihood",弹出"Classification Input File"对话框,在"Select Input File"文本框中选中"can_tmr.img"文件名,单击左下角"OK"按钮,弹出"Maximum Likelihood Parameters"对话框,如图9-16所示。

单击"Select All Items"按钮,将"Set Probability Threshold"赋值"None"、"Data Scale Factor"赋值"255"、"Output Result to"赋值"File",单击"Choose"按钮,保存分类结果到"练习数据"文件夹下,命名为"can_tmrMaxLike.img";将"Output Rule Images"赋值"NO",不保存规则影像,单击左下角"OK"按钮,将分类结果影像打开,如图9-17所示。

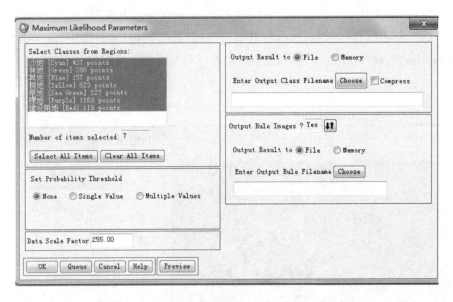

图 9 - 16 "Maximum Likelihood Parameters"对话框

图 9 - 17 Maximum Likelihood 分类结果

> **◁)) 注意：**
>
> "Maximum Likelihood"对话框中"Set Probability Threshold"（设置似然度的阈值），似然度的值为0到1之间，似然度小于设定阈值则不被分入该类。设置似然度的阈值也有三种类型："None"表示不设置似然度的阈值；"Single Value"表示为所有类别设置一个似然度的阈值；"Multiple Values"表示分别为每一个类别设置一个似然度的阈值。Data Scale Factor（数据比例系数）是一个比值系数，用于将整型反射率或辐射率数据转化为浮点型数据。例如：如果反射率数据在范围0~10 000之间，则设定的比例系数就为10 000。对于没有定标的整型数据，也就是原始DN值，则将比例系数设为2^n-1，n为数据的比特数（如：8-bit数据，其设定的比例系数为255）。

（5）波谱角分类（Spectral Angle Mapper）。在ENVI主菜单下单击"Classification"→"Supervised"→"Spectral Angle Mapper"，弹出"Classification Input File"对话框；在"Select Input File"文本框中选中"can_tmr.img"文件名，单击左下角"OK"按钮，弹出"Endmember Collection：SAM"对话框，单击"Import"→"from ROI/EVF from input file"，在新弹出的对话框中单击"Select All Items"按钮，单击左下角"OK"按钮。在"Endmember Collection：SAM"对话框中单击"Select All"按钮，单击左下角"Apply"按钮，弹出"Spectral Angle Mapper Parameters"对话框，如图9-18所示。

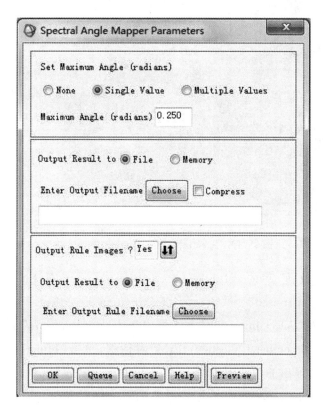

图9-18 "Spectral Angle Mapper Parameters"对话框

将"Maximum Angle(radians)"赋值"0.25"(可在 0 与 1 之间自行调整至分类效果最佳)、"Output Result to"赋值"File",单击"Choose"按钮,保存分类结果到"练习数据"文件夹下,命名为"can_tmrsam.img";将"Output Rule Images"赋值"NO",不保存规则影像,单击左下角"OK"按钮,将分类结果影像打开,如图 9-19 所示。

图 9-19　Spectral Angle Mapper 分类结果

(6)波谱信息散度(Spectral Information Divergence)。在 ENVI 主菜单下单击"Classification"→"Supervised"→"Spectral Information Divergence",弹出"Classification Input File"对话框;在"Select Input File"文本框中选中"can_tmr.img"文件名,单击左下角"OK"按钮,弹出"Endmember Collection:SAM"对话框,单击"Import"→"from ROI/EVF from input file",在新弹出的对话框中单击"Select All Items"按钮,单击左下角"OK"按钮。在"Endmember Collection:SAM"对话框中单击"Select All"按钮,单击左下角"Apply"按钮,弹出"Spectral Information Divergence Parameters"对话框,如图 9-20 所示。

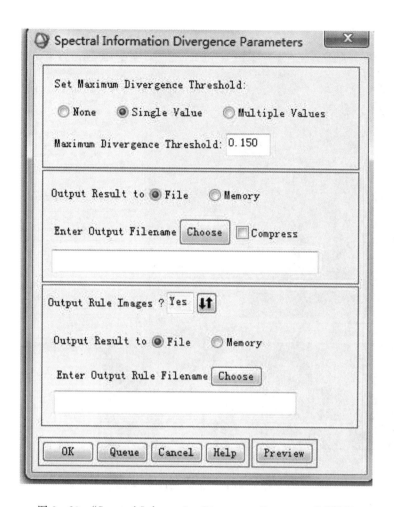

图 9 - 20　"Spectral Information Divergence Parameters"对话框

　　将"Maximum Divergence Threshold"赋值"0.15"(可在 0 与 1 之间自行调整至分类效果最佳)、"Output Result to"赋值"File",单击"Choose"按钮,保存分类结果到"练习数据"文件夹下,命名为"can_tmrsid. img";将"Output Rule Images"赋值"NO",不保存规则影像,单击左下角"OK"按钮,将分类结果影像打开,如图 9 - 21 所示。

　　(7)二进制编码(Binary Encoding)。在 ENVI 主菜单下单击"Classification"→"Supervised"→"Binary Encoding",弹出"Classification Input File"对话框,在"Select Input File"文本框中选中"can_tmr. img"文件名,单击左下角"OK"按钮,弹出"Binary Encoding Parameters"对话框,如图 9 - 22 所示。

　　单击"Select All Items"按钮,将"Minimum Encoding Threshold"赋值"0.45"、"Output Result to"赋值"File",单击"Choose"按钮,保存分类结果到"练习数据"文件夹下,命名为"can_tmrbinencode. img";将"Output Rule Images"赋值"NO",不保存规则影像,单击左下角"OK"按钮,将分类结果影像打开,如图 9 - 23 所示。

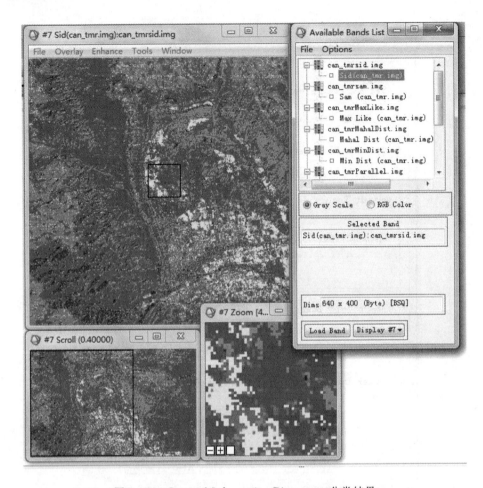

图 9 - 21　Spectral Information Divergence 分类结果

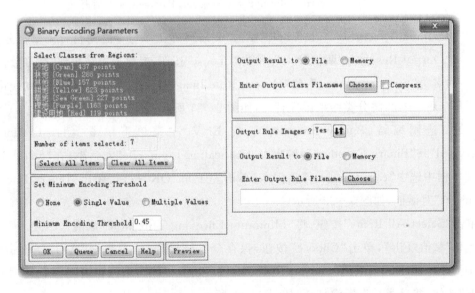

图 9 - 22　"Binary Encoding Parameters"对话框

图 9 – 23 Binary Encoding 分类结果

（8）神经网络（Neural Net）。在 ENVI 主菜单下单击"Classification"→"Supervised"→
"Neural Net"，弹出"Classification Input File"对话框，在"Select Input File"文本框中选中
"can_tmr.img"文件名，单击左下角"OK"按钮，弹出"Neural Net Parameters"对话框，如图
9 – 24 所示。"Neural Net Parameters"对话框参数及其含义见表 9 – 2。

图 9 – 24 "Neural Net Parameters"对话框

表 9-2　Neural Net Parameters 参数及其含义

参数	含义
Activation	活化函数。包括对数(Logistic)和双曲线(Hyperbolic)两个选项
Training Threshold Contribution	输入训练贡献阈值(0~1)。该参数决定了与活化节点级别相关的内部权重贡献量,用于调节节点内部权重的变化。训练算法交互式地调整节点间的权重和节点阈值,从而使输出层和响应误差达到最小。将该参数设置为0,不会调整节点的内部权重。适当调整节点的内部权重可以生成一幅较好的分类影像,但是如果设置的权重太大,对分类结果也会产生不良影响
Training Rate	权重调节速度(0~1)。参数值越大则训练速度越快,但也会增加摆动或者使训练结果不收敛
Training Momentum	输入一个0~1的值。该值大于0时,在"Training Rate"文本框中键入较大值不会引起摆动。该值越大,训练的步幅越大。该参数的作用是促使权重沿当前方向改变
Training RMS Exit Criteria	指定 RMS 误差为何值时,训练应该停止。RMS 误差值在训练过程中将显示在图表中,当该值小于输入值时,即使还没有达到迭代次数,训练也会停止,然后开始进行分类
Number of Hidden Layers	键入隐藏层的数量。要进行线性分类,键入值为0。没有隐藏层,不同的输入区域必须与一个单独的超平面线性分离。要进行非线性分类,输入值应该大于或等于1,当输入的区域并非线性分离或需要两个超平面才能区分类别时,必须拥有至少一个隐藏层才能解决这个问题。两个隐藏层用于区分输入空间,空间中的不同要素不临近也不相连
Number of Training Iterations	训练的迭代次数
Min Output Activation Threshold	最小输出活化阈值。如果被分类像元的活化值小于该阈值,在输出的分类中,该像元将被归入未分类中

　　单击"Select All Items"按钮,其他参数都是默认值,将"Output Result to"赋值"File",单击"Choose"按钮,保存分类结果到"练习数据"文件夹下,命名为"can_tmrNeuralNet. img";将"Output Rule Images"赋值"NO",不保存规则影像,单击左下角"OK"按钮,将分类结果影像打开,如图9-25所示。

　　(9)支持向量机(Support Vector Machine)。在 ENVI 主菜单下单击"Classification"→"Supervised"→"Support Vector Machine",弹出"Classification Input File"对话框,在"Select Input File"文本框中选中"can_tmr. img"文件名,单击左下角"OK"按钮,弹出"Support Vector Machine Classification Parameters"对话框,如图9-26所示。"Support Vector Machine Parameters"对话框参数及其含义见表9-3。

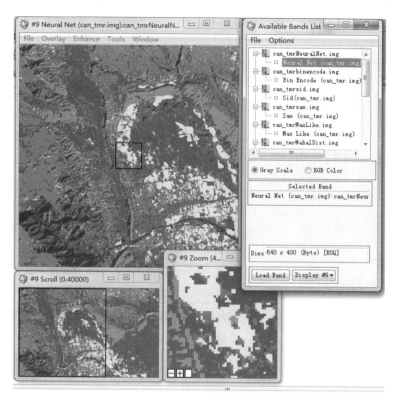

图 9 - 25　Neural Net 分类结果

图 9 - 26　"Support Vector Machine Classification Parameters"对话框

表 9 - 3　Support Vector Machine Classification Parameters 参数及其含义

参数	含义
Kernel Type	核类型。其下拉列表里的选项有 Linear、Polynomial、Radial Basis Function 和 Sigmoid。如果选择 Polynomial，设置一个核心多项式(Degree of Kernel Polynomial)的次数用于 SVM，最小值是 1，最大值是 6；如果选择 Polynomial 或 Sigmoid，使用向量机规则需要为 Kernel 指定 the Bias，默认值是 1；如果选择 Polynomial、Radial Basis Function 和 Sigmoid，则需要设置 Gamma in Kernel Function 参数，这个值是一个大于 0 的浮点型数据，其默认值是输入影像波段数的倒数
Penalty Parameter	这个值是一个大于 0 的浮点型数据。这个参数控制了样本错误与分类刚性延伸之间的平衡，默认值是 100
Pyramid Levels	分级处理等级，用于 SVM 训练和分类处理过程。如果这个值为 0，将以原始分辨率处理；最大值随着影像的大小而改变
Pyramid Reclassification Threshold	重分类阈值(0~1)。当 Pyramid Levels 值大于 0 时，需要设置这个值
Classification Probability Threshold	分类概率域值。如果一个像素计算得到所有的规则概率小于该值，该像素将不被分类，范围是 0~1，默认值是 0

单击"Select All Items"按钮，其他参数都是默认值。将"Output Result to"赋值"File"，单击"Choose"按钮，保存分类结果到"练习数据"文件夹下，命名为"can_tmrsvm. img"；将"Output Rule Images"赋值"NO"，不保存规则影像，单击左下角"OK"按钮，将分类结果影像打开，如图 9 - 27 所示。

三、分类结果精度评价

执行监督分类后，需要对分类结果精度进行评价，通常采用分类结果叠加、混淆矩阵和ROC 曲线来评价。下面以"Support Vector Machine 分类法"为例，将"can_tmrsvm. img"影像作为地表真实影像，将感兴趣区(fenleiyanzheng. roi)的分类结果"can_tmrsvmyz. img"影像作为分类结果影像，介绍混淆矩阵评价法。

1. 准备分类结果影像

在感兴趣区窗口("♯1 ROI Tool"对话框)删去第一套感兴趣区，加载第二套感兴趣区(fenleiyanzheng. roi)。

在 ENVI 主菜单下单击"Classification"→"Supervised"→"Support Vector Machine"，弹出"Classification Input File"对话框。在"Select Input File"文本框中选中"can_tmr. img"文件名，单击左下角"OK"按钮，弹出"Support Vector Machine Classification Parameters"对

图 9 - 27 Support Vector Machine 分类结果

话框,单击"Select All Items"按钮,其他参数都是默认值。将"Output Result to"赋值"File",单击"Choose"按钮,保存分类结果到"练习数据"文件夹下,命名为"can_tmrsvmyz.img";将"Output Rule Images"赋值"NO",不保存规则影像,单击左下角"OK"按钮,完成分类。

2. 精度评价

在 ENVI 主菜单下单击"Classification"→"Post Classification"→"Confusion Matrix"→"Using Ground Truth Image",弹出"Classification Input File"对话框;在"Select Input File"文本框中选中"can_tmrsvmyz. img"文件名,单击左下角"OK"按钮,弹出"Ground Truth Input File"对话框;在"Select Input File"文本框中选中"can_tmrsvm. img"文件名,单击左下角"OK"按钮,弹出"Match Classes Parameters"对话框,如图 9 - 28 所示。

这里地表真实影像中的类别与分类结果影像中的类别名称相同,系统自动匹配(否则要手动匹配类别名称,单击"Add Combination"按钮),单击左下角"OK"按钮,弹出"Confusion Matrix Parameters"对话框,将"Output Result to"赋值"Memory",其他参数都是默认值,单击左下角"OK"按钮,输出混淆矩阵报表,如图 9 - 29 所示。

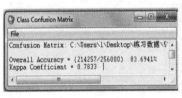

图 9 - 28 "Match Classes Parameters"对话框

Class	Prod. Acc. (Percent)	User Acc. (Percent)	Prod. Acc. (Pixels)	User Acc. (Pixels)
Unclassified	0.00	0.00	0/0	0/0
沙地	99.58	70.08	12240/12292	12240/17466
林地	78.58	65.25	25879/32933	25879/39659
其他	99.61	60.95	11588/11633	11588/19013
耕地	91.27	94.27	22740/24914	22740/24122
草地	64.61	88.12	38335/59336	38335/43503
裸地	89.95	93.31	97179/108033	97179/104150
建设用地	91.79	77.85	6296/6859	6296/8087

Confusion Matrix: C:\Users\1\Desktop\练习数据\5...

Overall Accuracy = (214257/256000) 83.6941%
Kappa Coefficient = 0.7833

图 9 - 29 混淆矩阵报表

混淆矩阵报表包含了总体分类精度（Overall Accuracy）、Kappa 系数（Kappa Coefficient）、混淆矩阵（概率）、错分误差（Commission）、漏分误差（Omission）、制图精度（Prod. Acc.）和用户精度（User Acc.）。

四、分类后处理

分类后处理包括分类后属性修改、结果统计、混淆矩阵、类的合并、聚类处理、筛选处理、类的叠加、主要/次要分析、变化监测、影像缓冲区、影像分割、分类结果转换为矢量等。前面已经介绍过分类后属性修改、结果统计、混淆矩阵，在此不再赘述。由于变化监测至少需要同一区域不同时相的两景影像的分类结果，研究结果可得到类型转移矩阵，这里也不做介绍。下面的实验都是以"can_tmrsvm. img 影像"为例进行相关操作。

1. 类的合并（Combine Classes）

在 ENVI 主菜单下单击"Classification"→"Post Classification"→"Combine Classes"，弹出"Classification Input File"对话框。在"Select Input File"文本框中选中"can_tmrsvm. img"文件名，单击左下角"OK"按钮，弹出"Combine Classes Parameters"对话框；在"Select Input Class"文本框中选中"草地"，在"Select Output Class"文本框中选中"林地"，如图 9 - 30 所示。

图 9－30　"Combine Classes Parameters"对话框

单击"Add Combination"按钮，"草地"就并到"林地"一类了，单击左下角"OK"按钮，弹出"Combine Classes Output"对话框，将"Remove Empty Classes"赋值"Yes"、"Output Result to"赋值"File"，单击"Choose"按钮，保存合并结果到"练习数据"文件夹下，命名为"can_tmrsvmcombine.img"，单击左下角"OK"按钮完成类别合并，将合并后的影像打开，如图 9－31 所示。

图 9－31　合并后的影像

2. 聚类处理(Clump Classes)

在 ENVI 主菜单下单击"Classification"→"Post Classification"→"Clump Classes",弹出"Classification Input File"对话框,在"Select Input File"文本框中选中"can_tmrsvm. img"文件名,单击左下角"OK"按钮,弹出"Clump Parameters"对话框,如图9-32所示。

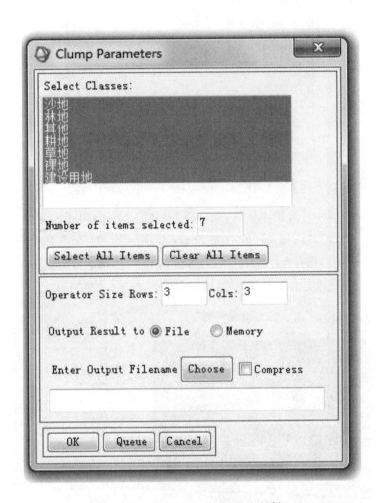

图 9-32 "Clump Parameters"对话框

单击"Select All Items"按钮,将"Output Result to"赋值"File",单击"Choose"按钮,保存聚类结果到"练习数据"文件夹下,命名为"can_tmrsvmclump. img",单击左下角"OK"按钮完成聚类,将聚类后的影像打开,如图9-33所示。

3. 筛选处理(Sieve Classes)

在 ENVI 主菜单下单击"Classification"→"Post Classification"→"Sieve Classes",弹出"Classification Input File"对话框,在"Select Input File"文本框中选中"can_tmrsvm. img"文件名,单击左下角"OK"按钮,弹出"Sieve Parameters"对话框,如图9-34所示。

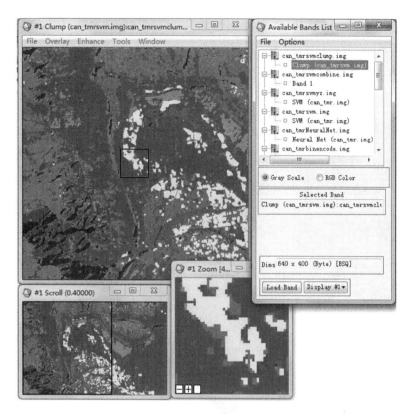

图 9 - 33 聚类后的影像

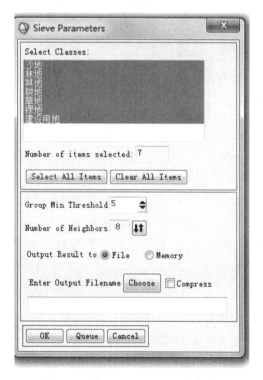

图 9 - 34 "Sieve Parameters"对话框

单击"Select All Items"按钮,将"Group Min Threshold"(筛选阈值)赋值"5"(注意:小于5的将归并为未分类一类,用黑色表示),将"Number of Neighbors"赋值"8"、"Output Result to"赋值"File",单击"Choose"按钮,保存筛选结果到"练习数据"文件夹下,命名为"can_tmrsvmsieve. img";单击左下角"OK"按钮完成筛选,将筛选后的影像打开,如图9-35所示。

图9-35 筛选后的影像

4. 类的叠加(Overlay Classes)

分类叠加功能可将分类结果的各种类别叠加在一幅RGB彩色合成图或者灰阶影像的背景影像上,从而生成一幅新的RGB影像。要想得到理想的效果,在叠加之前,背景影像要经过拉伸并保存为字节型(24-bit)影像。具体操作如下:

(1)将"can_tmr. img""432波段"影像打开并显示(默认拉伸方法是2%线性拉伸)。

(2)在主影像窗口单击"File"→"Save Image As"→"Image File…",弹出"Output Display to Image File"对话框。将"Output Result to"赋值"File",单击"Choose"按钮,保存结果到"练习数据"文件夹下,命名为"can_tmr432. img",单击左下角"OK"按钮。

(3)在可利用波段窗口左下角单击"Load RGB"按钮,将"can_tmr432. img"影像打开。

(4)在ENVI主菜单下单击"Classification"→"Post Classification"→"Overlay Classes",弹出"Input Overlay RGB I…"对话框。在"Select Input for Class Overlay"文本框中选中"Display

♯1", 单击左下角"OK"按钮, 弹出"Classification Input File"对话框; 在"Select Input File"文本框中选中"can_tmrsvm.img"文件名, 单击左下角"OK"按钮, 弹出"Class Overlay to RGB Parameters"对话框; 在"Select Classes to Overlay"文本框中选中"林地", 如图 9 - 36 所示。

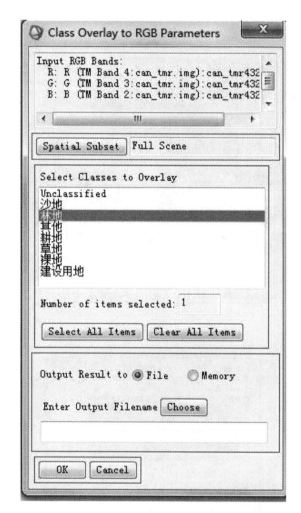

图 9 - 36　"Class Overlay to RGB Parameters"对话框参数设置

（5）将"Output Result to"赋值"File", 单击"Choose"按钮, 保存分类叠加结果到"练习数据"文件夹下, 命名为"can_tmrsvmoverlay.img", 单击左下角"OK"按钮完成林地的叠加, 将叠加后的影像打开, 如图 9 - 37 所示。

5. 主要/次要分析（Majority/Minority Analysis）

在 ENVI 主菜单下单击"Classification"→"Post Classification"→"Majority/Minority Analysis", 弹出"Classification Input File"对话框, 在"Select Input File"文本框中选中"can_tmrsvm.img"文件名, 单击左下角"OK"按钮, 弹出"Majority/Minority Parameters"对话框, 如图 9 - 38 所示。

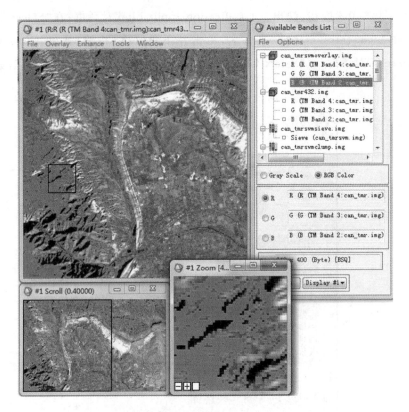

图 9 - 37　叠加后的影像

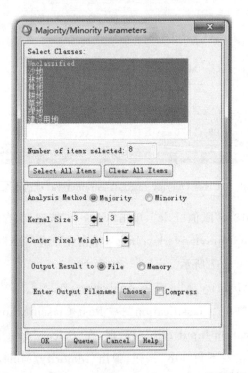

图 9 - 38　"Majority/Minority Parameters"对话框

单击"Select All Items"按钮,将"Analysis Method"赋值"Majority"、"Output Result to"赋值"File",单击"Choose"按钮,保存主要分析结果到"练习数据"文件夹下,命名为"can_tmrsvmmajority. img",单击左下角"OK"按钮完成主要分析,将主要分析后的影像打开,如图 9 - 39 所示。

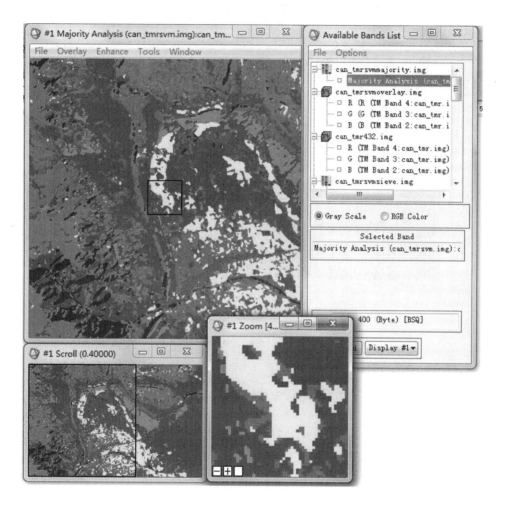

图 9 - 39　主要分析后的影像

第二次将"Analysis Method"赋值"Minority"、"Output Result to"赋值"File",单击"Choose"按钮,保存次要分析结果到"练习数据"文件夹下,命名为"can_tmrsvmminority. img",单击左下角"OK"按钮完成次要分析,将次要分析后的影像打开,如图 9 - 40 所示。

6. 影像缓冲区(Buffer Zone Image)

在 ENVI 主菜单下单击"Classification"→"Post Classification"→"Buffer Zone Image",弹出"Classification Input File"对话框。在"Select Input File"文本框中选中"can_tmrsvm. img"文件名,单击左下角"OK"按钮,弹出"Buffer Zone Image Parameters"对话框,在"Select Classes"文本框中选中"沙地",其他参数都是默认值,如图 9 - 41 所示。

图 9-40 次要分析后的影像

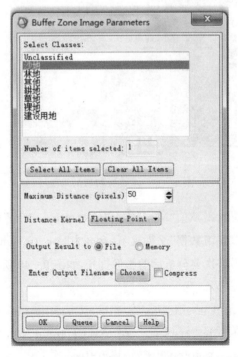

图 9-41 "Buffer Zone Image Parameters"对话框

将"Output Result to"赋值"File",单击"Choose"按钮,保存缓冲区分析结果到"练习数据"文件夹下,命名为"can_tmrsvmbuffer.img",单击左下角"OK"按钮完成"沙地"缓冲区影像提取,将"沙地"缓冲区影像打开,如图9-42所示。

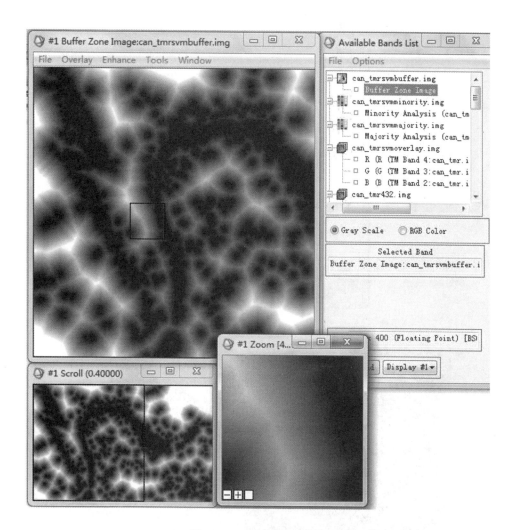

图9-42　沙地缓冲区影像

7. 影像分割(Segmentation Image)

在ENVI主菜单下单击"Classification"→"Post Classification"→"Segmentation Image",弹出"Classification Input File"对话框。在"Select Input File"文本框中选中"can_tmrsvm.img"文件名,单击左下角"OK"按钮,弹出"Segmentation Image Parameters"对话框;在"Select Classes"文本框中选中"沙地",其他参数都是默认值,如图9-43所示。

将"Output Result to"赋值"File",单击"Choose"按钮,保存分割结果到"练习数据"文件夹下,命名为"can_tmrsvmsegmentation.img",单击左下角"OK"按钮完成"沙地"影像分割,将"沙地"分割影像打开,如图9-44所示。

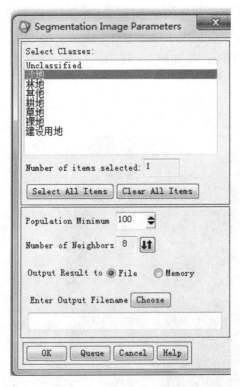

图 9 – 43 "Segmentation Image Parameters"对话框

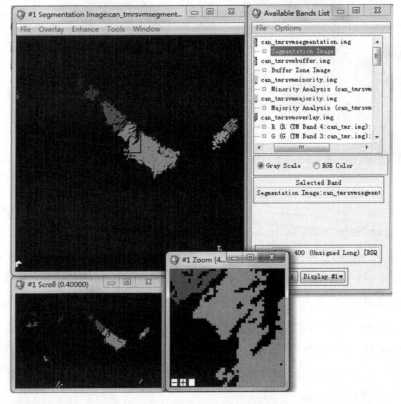

图 9-44 沙地分割影像

8. 分类结果转换为矢量（Classification to Vector）

在 ENVI 主菜单下单击"Classification"→"Post Classification"→"Classification to Vector"，弹出"Raster to Vector Input Band"对话框。在"Select Input Band"文本框中单击"can_tmrsvm. img"文件名下的"SVM"，单击左下角"OK"按钮，弹出"Raster to Vector Parameters"对话框，在"Select Classes Raster to Vectorize"文本框中选中"沙地"，其他参数都是默认值，如图 9 - 45 所示。

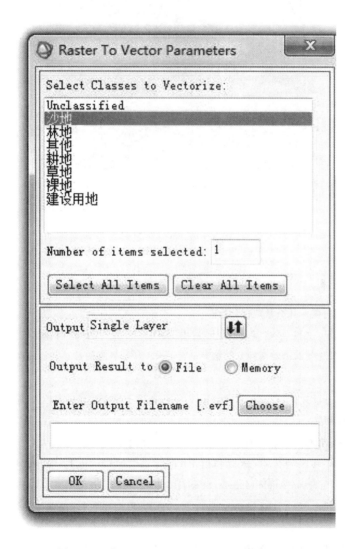

图 9 - 45 "Raster to Vector Parameters"对话框

将"Output Result to"赋值"File"，单击"Choose"按钮，保存矢量转换结果到"练习数据"文件夹下，命名为"can_tmrsvm. evf"，单击左下角"OK"按钮，弹出"Available Vectors List"对话框，单击"Select All Layers"按钮，单击"Load Selected"按钮，弹出"沙地"矢量图，如图 9 - 46 所示。

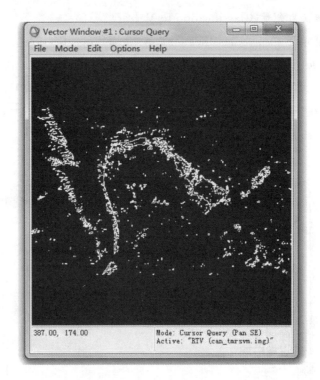

图 9-46　沙地矢量图

思考与练习

1. 什么是非监督分类? 什么是监督分类?

2. 加载 lon_tm.img 文件(或者其他数据),运用 IsoData 和 K-Means 两种非监督分类方法对其分成四类,最大迭代次数都设为 8,看看两种分类结果是否一致? 统计各类的数量并修改各类的属性(包括类的名称、颜色等)。

3. 加载 bhtmref.img 文件,打开其真彩色影像,在主影像上建立两套感兴趣区(将地物分为四类,两套感兴趣区中的分类地物要一致)。

(1)计算两套感兴趣区可分离度,每类地物可分离度都要大于 1.9;

(2)以第一套感兴趣区为样本,然后利用 Parallelpiped、Minimum Distance、Mahalanobis Distance、Maximum Likelihood、Spectral Angle Mapper、Spectral Information Divergence、Binary Encoding、Neural Net 和 Support Vector Machine 等方法对 bhtmref.img 进行分类,观察每种方法的分类效果,并统计每类地物的数量;

(3)以第二套感兴趣区为样本,利用 Neural Net 法对 bhtmref.img 进行分类,打开分类结果并对分类结果影像进行类的合并、聚类处理、筛选处理、类的叠加、主要/次要分析、缓冲区、影像分割、分类结果转换为矢量等操作;

(4)采用 Support Vector Machine 分类方法,利用第一套感兴趣区和第二套感兴趣区分别对 bhtmref.img 文件进行分类(第一套感兴趣区的分类结果作为地表真实影像,第二套感兴趣区的分类结果作为分类结果影像),然后进行分类精度评价(采用混淆矩阵法)。

实验十 遥感制图

实验目的

通过本次实验,帮助实验者熟悉遥感图制图的过程和方法,熟练掌握其基本操作。

实验内容

遥感制图。

实验数据

练习数据:7-遥感制图:suzhou20050812.img,suzhou20050812.hdr。

实验步骤

一、加载并显示影像

(1)双击桌面"ENVI Classic 5.5 (64 - bit)"或"ENVI Classic 5.5 + IDL 8.7 (64 - bit)"图标,或者依次单击"开始"→"所有程序"→"ENVI 5.5"→"Tools"→"ENVI Classic 5.5 (64 - bit)"或"ENVI Classic 5.5 + IDL 8.7 (64 - bit)",启动 ENVI。

(2)在 ENVI 主菜单下单击"File"→"Open Image File",选中"C:\Users\Administrator\Desktop\练习数据\7\遥感制图"目录下文件名"suzhou20050812. img";然后单击右下角"打开(O)"按钮,弹出可用波段列表,单击左下角"Load Band"按钮,完成某地土地利用分类影像加载,如图 10 - 1 所示。

二、生成快速制图模板

在主影像窗口单击 "File" → "QuickMap" → "New QuickMap...",弹出 "QuickMap Default La..."对话框,参数都采用默认值(注意:根据需要可自行设定输出页面宽度和高度尺寸及其单位、比例尺等),如图 10 - 2 所示。

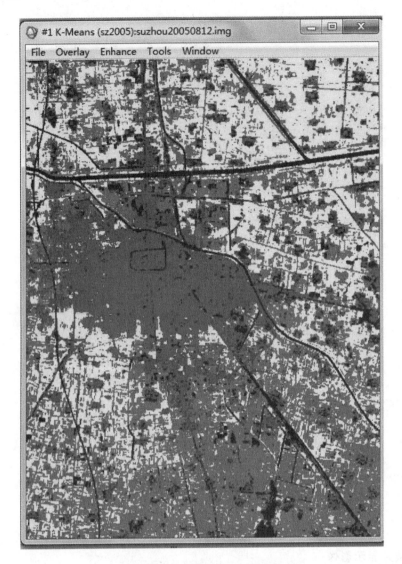

图 10 - 1　某地土地利用分类图

图 10 - 2　"QuickMap Default La…"对话框

在"QuickMap Default La..."对话框左下角单击"OK"按钮,弹出"QuickMap Image Selection"对话框,用鼠标拖住图中红色矩形框左下角往下拉,将整个影像全部选中(否则出图影像就是红色矩形框内的影像,而不是整幅影像),如图 10-3 所示。

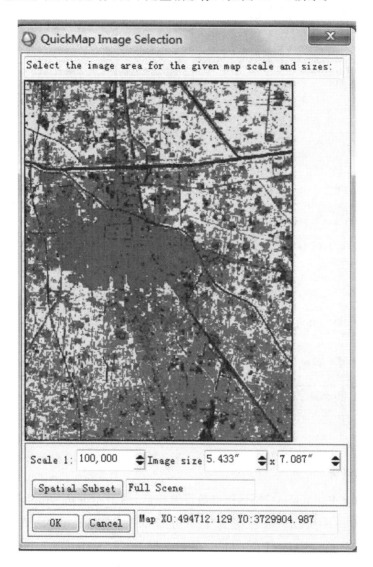

图 10-3　"QuickMap Image Selection"对话框

在"QuickMap Image Selection"对话框左下角单击"OK"按钮,弹出"♯1 QuickMap Parameters"对话框,在"Main Title"文本框中输入"某地土地利用分类图","Font"设为"SimHei","Size"设为"30pt";在"Lower Left Text"文本框中分两行输入"投影:UTM,Zone 50N;坐标系:WGS-84";"Font"设为"SimHei、12pt、Left";"Scale Bars"和"Grid Lines"的"Font"分别设为"Roman 3、6pt"和"Roman 3、12pt";"Map Grid Spacing"设为"3 000";在"Lower Right Text"文本框中分两行输入"分辨率:30m;成像时间:20050812","Font"设为"SimHei、12pt、Right"。其他都是默认参数,如图 10-4 所示。

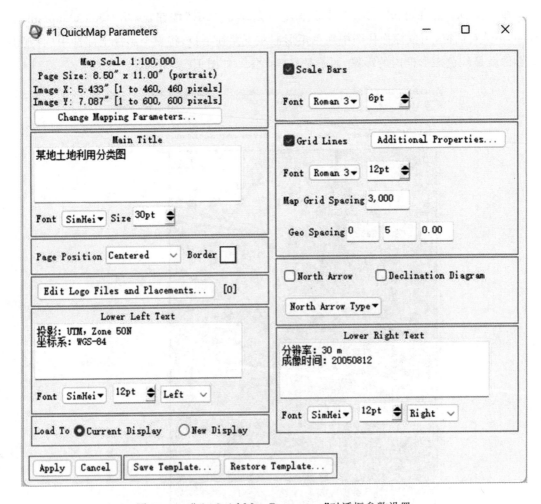

图 10-4 "＃1QuickMap Parameters"对话框参数设置

三、输出制图结果

"＃1QuickMap Parameters"对话框参数设置完后,单击左下角"Apply"按钮,弹出制图结果影像,如图 10-5 所示。在主影像上单击"File"→"Save Image As"→"Postscript File…",弹出"ENVI QuickMap Print Option"对话框,选择"Standard Printing"(标准打印)或"Output QuickMap to Printer"(给定保存路径和文件名)。这里选择"Output QuickMap to Printer"方式输出,单击"Choose"按钮,保存制图结果到"练习数据"文件夹下,命名为"suzhou20050812.ps",单击左下角"OK"按钮即可。

📢 注意:

图 10-5 只添加了经纬网,没有添加坐标公里网和指北针。用户也可根据分类结果或其他影像手动制图,此时需用到前面介绍的注记、网格和掩膜等综合知识。

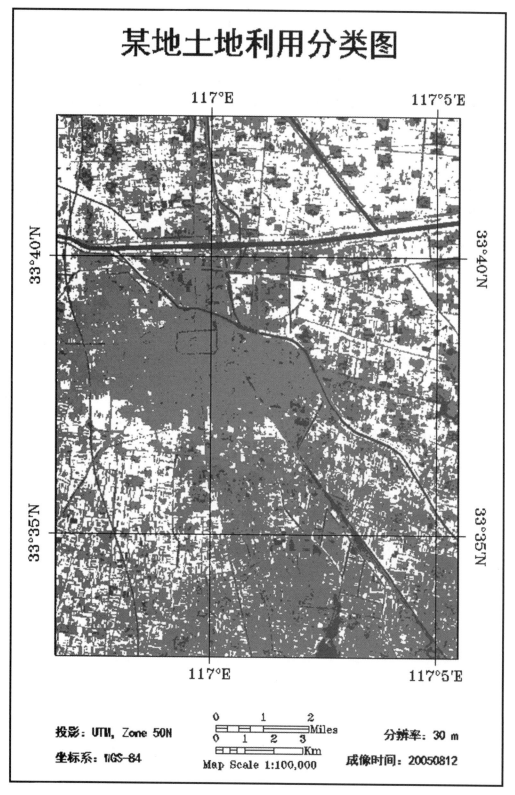

图 10-5 制图结果影像

思考与练习

1. 遥感制图的过程主要包括哪些方面？

2. 加载 qb_boulder_msi. img 文件，运用 K‐Means 分类方法对其分成五类，最大迭代次数设为 10，并对分类结果进行聚类，最后对聚类后的分类结果影像进行遥感制图（在 Main Title 文本框中输入"土地利用分类图"，"宋体，字号 24pt"；在 Lower Left Text 文本框中分三行输入"投影：UTM，Zone 13N；分辨率：2.8 Meters；坐标系：WGS‐84"，"宋体、字号 5pt"；"Scale Bars"值不显示，"Grid Lines"的"Font"设为"Roman 3、6pt"；"Map Grid Spacing"设为"1000"；"Geo Spacing"设为"1"；"North Arrow"值不显示，在"Lower Right Text"文本框中分两行输入"制图者：张三；时间：2012 年 12 月 12 日"，"宋体、字号 5pt、Right"，其他参数都是默认参数）。

实验十一　波段运算与波谱运算

实验目的

通过本次实验,帮助实验者熟悉波段运算(Band Math)和波谱运算(Spectral Math)的 IDL 基础知识及注意事项,熟练掌握波段运算(Band Math)和波谱运算(Spectral Math)的基本操作。

实验内容

(1)波段运算(Band Math);

(2)波谱运算(Spectral Math)。

实验数据

练习数据:8-波段运算和波谱运算:suzhou20140501.img,suzhou20140501.hdr。

实验步骤

交互式数据语言 IDL(Interactive Data Language)是集科学数据分析、可视化表达和跨平台应用开发等功能为一体的第四代可视化计算机语言。IDL(Interactive Data Language)具有功能强大、简单易学、操作简单等特点,只需很少的几行代码就能实现其他语言很难实现的功能,一直是应用程序开发和科学应用进行可视化与分析的首选语言。

一、波段运算和波谱运算的 IDL 基础知识

波段运算(Band Math)工具能对遥感影像各个波段进行加、减、乘、除、三角函数、指数、对数等数学函数运算,也可对 IDL 编写的函数进行运算。波段运算(Band Math)工具使用的函数都是基于 IDL 的数组运算符。

1. 波段运算的 IDL 基础知识

(1)数据类型。IDL 中波段运算与数据类型和表达式中的常数有关,每种数据类型特别是非浮点型的整型数据都对应一个有限的数据范围。例如:8 位字节型数据的值范围为 0~255。

> **◁» 注意：**
>
> 当一个数据值超过数据类型的数据范围最大值时，该数据值溢出并从头开始计算。例如：将 8
> 位字节型数据 240 和 22 求和，结果为 6。

在计算过程中，为了避免数据溢出，可用数据转换函数对输入波段数据类型进行转换。
例如：在对 8 位字节型整型数据波段"b1"和"b2"求和时（计算结果值中有大于 255 的），可用
"fix()"函数将数据类型转换为整型即：fix(b1)＋b2，得到正确的计算结果。

表 11 - 1　数据类型及其说明

数据类型	数据类型英文	转换函数	缩写	数据范围	字节/像素
8 位字节型	Byte	byte()	B	0 至 255	1
16 位整型	Integer	fix()		－32 768 至 32 767	2
16 位无符号整型	Unsigned Int	uint()	U	0 至 65 535	2
32 位长整型	Long Integer	long()	L	约＋/－20 亿	4
32 位无符号整型	Unsigned Long	ulong()	UL	约 0 至 20 亿	4
32 位浮点型	Floating Point	float()	.	＋/－1e38	4
64 位双精度浮点型	Double Precision	double()	D	＋/－1e308	8
64 位整型	64 - bit Integer	long64()	LL	约＋/－9e18	8
64 位无符号整型	Unsigned 64 - bit	ulong64()	ULL	约 0 至 2e19	8
复数型	Complex	complex()		＋/－1e38	8
双精度复数型	Double Complex	dcomplex()		＋/－1e308	16

> **◁» 注意：**
>
> 字节型数据的每个像元占 1 个字节存储空间；整型数据的每个像元占 2 个字节存储空间；浮点
> 型数据的每个像元占 4 个字节存储空间。关于 IDL 数据类型占用的磁盘空间和数据范围的详细介
> 绍见表 11 - 1。

（2）数组运算符。数组运算符包括关系运算符（LT、LE、EQ、NE、GE、GT），Boolean 运
算符（AND、OR、NOT、XOR），最小值运算符（＜），最大值运算符（＞）。具体的数组运算符
和数组操作函数见表 11 - 2。

表 11 - 2　数组运算符和操作函数

种类	操作函数
基本运算	加（＋）、减（－）、乘（＊）、除（/）
三角函数	正弦 sin(x)、余弦 cos(x)、正切 tan(x)
	反正弦 asin(x)、反余弦 acos(x)、反正切 atan(x)
	双曲正弦 sinh(x)、双曲余弦 cosh(x)、双曲正切 tanh(x)

（续表）

种类	操作函数
关系和逻辑运算符	小于(LT)、小于等于(LE)、等于(EQ)、不等于(NE)、大于等于(GE)、大于(GT)
	逻辑与(AND)、逻辑或(OR)、逻辑非(NOT)、逻辑异或(XOR)
	最小值运算符(<)、最大值运算符(>)
数据类型转换	参见表 11-1
其他数学函数	指数(^)和自然指数 $\exp(x)$
	自然对数 $\text{alog}(x)$
	以 10 为底的对数 $\text{alog}10(x)$
	整型取整——$\text{round}(x)$、$\text{ceil}(x)$ 和 $\text{floor}(x)$
	平方根 $\text{sqrt}(x)$
	绝对值 $\text{abs}(x)$

在波段运算过程中,IDL 是根据数学运算符的优先级对表达式进行计算的,而不是根据运算符出现的先后次序进行运算的。可添加"()"变更运算顺序,软件系统对嵌套在表达式最内层的部分先进行运算。IDL 运算符的优先级顺序见表 11-3。

表 11-3 运算符优先级

优先级顺序	运算符	描述
1	()	用"()"将表达式分开
2	^	指数
3	*	乘法
	#,##	矩阵相乘
	/	除法
	MOD	求模
4	+	加法
	-	减法
	<	最小值运算符
	>	最大值运算符
	NOT	逻辑非
5	EQ	等于
	NE	不等于
	LE	小于等于
	LT	小于
	GE	大于等于
	GT	大于
6	AND	逻辑与
	OR	逻辑或
	XOR	逻辑异或
7	?:	条件表达式(很少使用)

波段运算时需满足的基本条件：(1)定义的处理算法或波段运算表达式必须符合 IDL 语法；(2)所有输入波段必须具有相同的空间大小(即行列数和像元大小必须相同)；(3)表达式中的所有变量必须以"Bn"或"bn"命名，"n"是 5 位数以内的数字；(4)波段运算后生成波段的空间大小必须与输入波段的空间大小相同。

2. 波谱运算的 IDL 基本知识

波谱运算(Spectral Math)是一种灵活的波谱处理工具，可用数学表达式或 IDL 程序对波谱曲线以及选择的多波段影像进行计算和处理。波谱曲线可以来自一幅多波段影像的 Z 剖面、波谱库或 ASCII 文件。在波谱运算过程中，可使用 IDL 的数组运算符及数据类型转换函数，常用函数和运算符见表 11 - 4。

表 11 - 4　波谱运算的常用函数和运算符

一般数学运算符	三角函数	其他波谱运算选项
+(加)	$\sin(x)$(正弦)	关系运算符：LT(小于)、LE(小于等于)、EQ(等于)、NE(不等于)、GE(大于等于)、GT(大于)
—(减)	$\cos(x)$(余弦)	布尔运算符：AND(逻辑与)、OR(逻辑或)、NOT(逻辑非)、XOR(逻辑异或)
*(乘)	$\tan(x)$(正切)	类型转换函数：byte( )，fix( )，long( )，float( )，double( )，complex( )
/(除)	$\mathrm{asin}(x)$(反正弦)	返回数组结果的 IDL 函数
<(最小值运算符)	$\mathrm{acos}(x)$(反余弦)	返回数组结果的 IDL 程序
>(最大值运算符)	$\mathrm{atan}(x)$(反正切)	用户自定义的 IDL 函数和程序
abs(x)(绝对值)	$\sinh(x)$(双曲正弦)	
sqrt(x)(平方根)	$\cosh(x)$(双曲余弦)	
^(指数)	$\tanh(x)$(双曲正切)	
exp(x)(自然指数)		
alog(x)(自然对数)		

二、波段运算

双击桌面"ENVI Classic 5.5 (64 - bit)"或"ENVI Classic 5.5 + IDL 8.7 (64 - bit)"图标，或者依次单击"开始"→"所有程序"→"ENVI 5.5"→"Tools"→"ENVI Classic 5.5 (64 - bit)"或"ENVI Classic 5.5 + IDL 8.7 (64 - bit)"，启动 ENVI。

在 ENVI 主菜单单击"File"→"Open Image File"，选中"C:\Users\Administrator\Desktop\练习数据\8\波段运算与波谱运算"目录下文件名"suzhou20140501. img"(该文件是 Landsat 8 OLI 影像，经辐射定标和大气校正后裁剪而成，并对其波段名进行了修改)，然后单击右下角"打开(O)"按钮，弹出可用波段列表，将标准假彩色影像打开，如图 11 - 1 所示。这里以"suzhou20140501. img"文件下的"Near Infrared(NIR)"和"Red"两个波段数据

为例，对其做加法、减法、乘法和除法等四则运算。

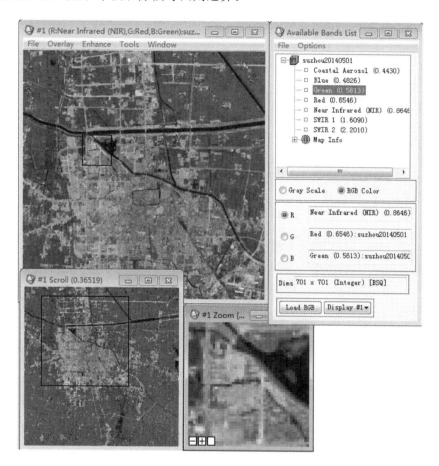

图 11-1　标准假彩色影像

1. 加法运算

在 ENVI 主菜单单击"Basic Tools"→"Band Math"，弹出"Band Math"对话框，在该对话框"Enter an expression："文本框中输入"fix(b1)＋b2"（或"b1＋b2"）表达式，单击"Add to List"，将"fix(b1)＋b2"表达式添加到"Previous Band Math Expressions："列表中，如图 11-2 所示。

单击"OK"按钮，弹出"Variables to Bands Pairings"对话框，在该对话框"Variables used in expression："列表框选择"B1 -［undefined］"变量，在"Available Bands List"列表框中选择"Near Infrared（NIR）"波段，此时"Variables used in expression："列表框中"B1 -［undefined］"变量就变为"B1 - Near Infrared(NIR)(0.864 8)：suzhou20140501"。按照同样的方法，在该对话框"Variables used in expression："列表框选择"B2 -［undefined］"变量，在"Available Bands List"列表框中选择"Red"波段，此时"Variables used in expression："列表框中"B2 -［undefined］"变量就变为"B2 - Red(0.654 6)：suzhou20140501"。将"Output Result to"赋值"File"，单击"Choose"按钮，保存加法运算结果到"练习数据\8\波段运算与波谱运算"文件夹下，命名为"b1＋b2.img"，单击"OK"按钮执行加法运算，如图 11-3 所示。

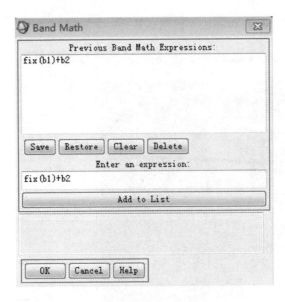

图 11 - 2 "Band Math"对话框

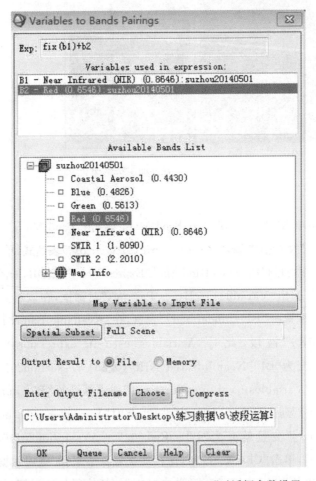

图 11 - 3 "Variables to Bands Pairings"对话框参数设置

在"Available Bands List"对话框中双击"b1+b2.img"文件名下的"Band Math(fix(b1)+b2)"波段,加载加法运算结果影像,如图 11 - 4 所示。

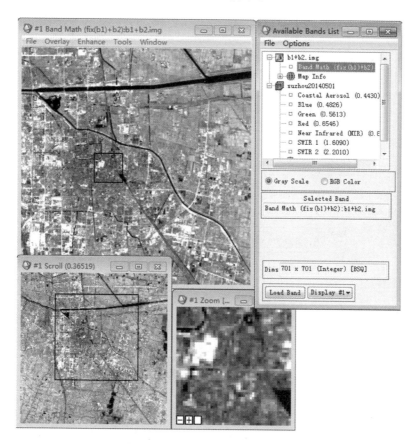

图 11 - 4　加法运算结果

2. 减法运算

在 ENVI 主菜单单击"Basic Tools"→"Band Math",弹出"Band Math"对话框,在该对话框"Enter an expression:"文本框中输入"b1-b2"表达式,单击"Add to List",将"b1-b2"表达式添加到"Previous Band Math Expressions:"列表中,如图 11 - 5 所示。

单击"OK"按钮,弹出"Variables to Bands Pairings"对话框,在该对话框"Variables used in expression:"列表框选择"B1 -[undefined]"变量,在"Available Bands List"列表框中选择"Near Infrared(NIR)"波段,此时"Variables used in expression:"列表框中"B1 - [undefined]"变量就变为"B1 - Near Infrared(NIR)(0.864 8):suzhou20140501"。按照同样的方法,在该对话框"Variables used in expression:"列表框选择"B2 -[undefined]"变量,在"Available Bands List"列表框中选择"Red"波段,此时"Variables used in expression:"列表框中"B2 -[undefined]"变量就变为"B2 - Red(0.654 6):suzhou20140501"。将"Output Result to"赋值"File",单击"Choose"按钮,保存减法运算结果到"练习数据\8\波段运算与波谱运算"文件夹下,命名为"b1-b2.img",单击"OK"按钮执行减法运算,如图 11 - 6 所示。

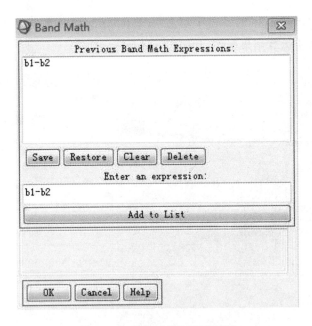

图 11 - 5 "Band Math"对话框

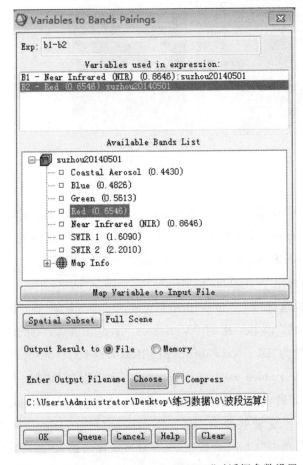

图 11 - 6 "Variables to Bands Pairings"对话框参数设置

在"Available Bands List"对话框中双击"b1-b2.img"文件名下的"Band Math(b1-b2)"波段,加载减法运算结果影像,如图11-7所示。

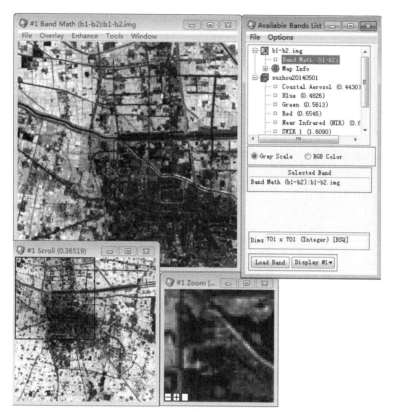

图11-7　减法运算结果

3. 乘法运算

在ENVI主菜单单击"Basic Tools"→"Band Math",弹出"Band Math"对话框,在该对话框"Enter an expression:"文本框中输入"long(b1)＊b2"表达式(一定不能输入"b1＊b2",否则数据溢出),单击"Add to List",将"long(b1)＊b2"表达式添加到"Previous Band Math Expressions:"列表中,如图11-8所示。

单击"OK"按钮,弹出"Variables to Bands Pairings"对话框,在该对话框"Variables used in expression:"列表框选择"B1-[undefined]"变量,在"Available Bands List"列表框中选择"Near Infrared(NIR)"波段,此时"Variables used in expression:"列表框中"B1-[undefined]"变量就变为"B1-Near Infrared(NIR)(0.864 8):suzhou20140501"。按照同样的方法,在该对话框"Variables used in expression:"列表框选择"B2-[undefined]"变量,在"Available Bands List"列表框中选择"Red"波段,此时"Variables used in expression:"列表框中"B2-[undefined]"变量就变为"B2-Red(0.654 6):suzhou20140501"。将"Output Result to"赋值"File",单击"Choose"按钮,保存乘法运算结果到"练习数据\8\波段运算与波谱运算"文件夹下,命名为"b1b2.img",单击"OK"按钮执行乘法运算,如图11-9所示。

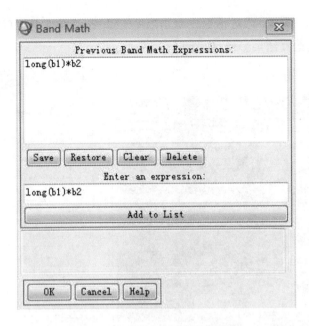

图 11 - 8 "Band Math"对话框

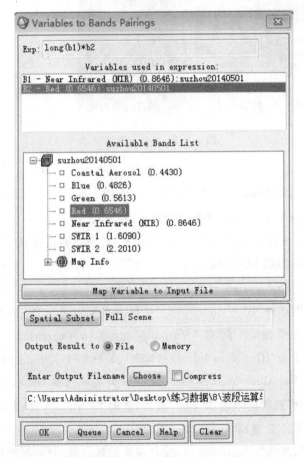

图 11 - 9 "Variables to Bands Pairings"对话框参数设置

在"Available Bands List"对话框中双击"b1b2.img"文件名下的"Band Math(long(b1)
＊b2)"波段,加载乘法运算结果影像,如图11-10所示。

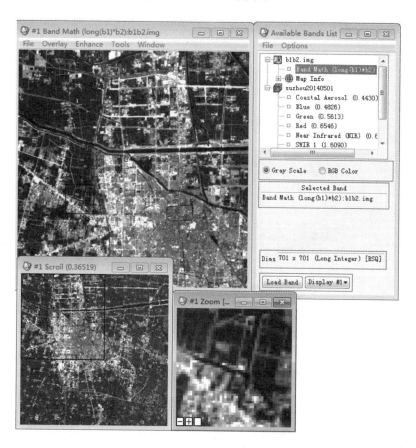

图11-10　乘法运算结果

4. 除法运算

在 ENVI 主菜单单击"Basic Tools"→"Band Math",弹出"Band Math"对话框,在该对
话框"Enter an expression:"文本框中输入"b1/b2"表达式,单击"Add to List",将"b1/b2"表
达式添加到"Previous Band Math Expressions:"列表中,如图11-11所示。

单击"OK"按钮,弹出"Variables to Bands Pairings"对话框,在该对话框"Variables used
in expression:"列表框选择"B1 -[undefined]"变量,在"Available Bands List"列表框中选择
"Near Infrared(NIR)"波段,此时"Variables used in expression:"列表框中"B1 -
[undefined]"变量就变为"B1 - Near Infrared(NIR)(0.864 8):suzhou20140501"。按照同样
的方法,在该对话框"Variables used in expression:"列表框选择"B2 -[undefined]"变量,在
"Available Bands List"列表框中选择"Red"波段,此时"Variables used in expression:"列表
框中"B2 -[undefined]"变量就变为"B2 - Red(0.654 6):suzhou20140501"。将"Output
Result to"赋值"File",单击"Choose"按钮,保存除法运算结果到"练习数据\8\波段运算与波
谱运算"文件夹下,命名为"b1db2.img",单击"OK"按钮执行除法运算,如图11-12所示。

图 11－11 "Band Math"对话框

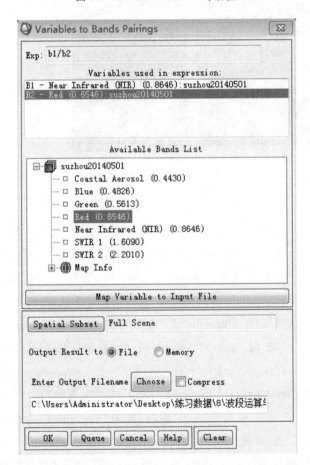

图 11－12 "Variables to Bands Pairings"对话框参数设置

在"Available Bands List"对话框中双击"b1db2.img"文件名下的"Band Math(b1/b2)"波段,加载除法运算结果影像,如图11-13所示。

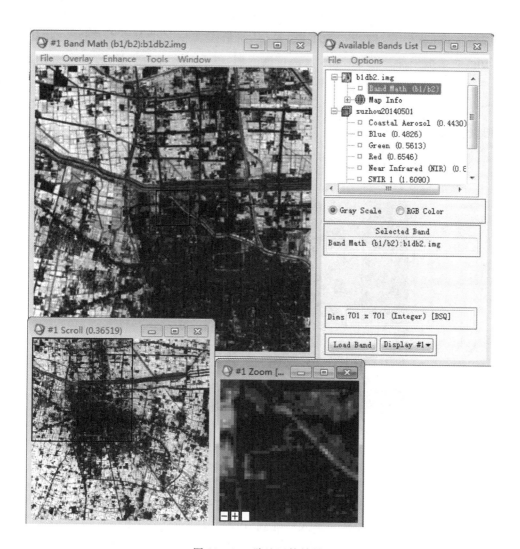

图 11-13 除法运算结果

三、波谱运算

这里以 ENVI 软件自带波谱库文件"veg_1dry. sli"下的"CDE005:Sweetgum Lignin""CDE035:CA Buckwheat (Grey Bark)""CDE045:Big Sagebrush(Brown Flowers)""CDE057:Giant Wildrye(Yellow Stem)"等四种地物波谱为例,对其做"(s1+s2+s3+s4)/4"波谱运算。

双击桌面"ENVI Classic 5.5 (64 - bit)"或"ENVI Classic 5.5 + IDL 8.7 (64 - bit)"图标,或者依次单击"开始"→"所有程序"→"ENVI 5.5"→"Tools"→"ENVI Classic 5.5 (64 - bit)"或"ENVI Classic 5.5 + IDL 8.7 (64 - bit)",启动 ENVI。

在 ENVI 主菜单单击"Spectral"→"Spectral Libraries"→"Spectral Library Viewer",弹出"Spectral Library Input File"对话框,单击该对话框右下角"Open"→"Spectral Library...",自动加载 ENVI 自带波谱库文件,然后选择"veg_lib"文件夹下的"veg_1dry.sli"波谱库文件,单击"打开"按钮,"veg_1dry.sli"波谱库文件自动加载到"Spectral Library Input File"对话框中的"Select Input File:"列表框,单击"OK"按钮,弹出"Spectral Library View..."对话框,依次选中"CDE005:Sweetgum Lignin""CDE035:CA Buckwheat(Grey Bark)""CDE045:Big Sagebrush(Brown Flowers)""CDE057:Giant Wildrye(Yellow Stem)"等四种地物波谱,如图 11-14 所示。

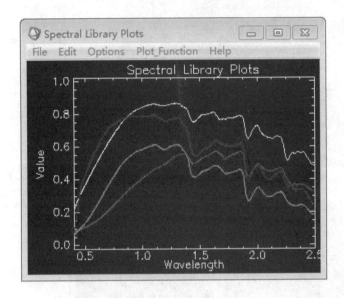

图 11-14　四种地物波谱曲线图

在 ENVI 主菜单单击"Basic Tools"→"Spectral Math",弹出"Spectral Math"对话框,在该对话框"Enter an expression:"文本框中输入"(s1+s2+s3+s4)/4"表达式,单击"Add to List",将"(s1+s2+s3+s4)/4"表达式添加到"Previous Spectral Math Expressions:"列表中,如图 11-15 所示。

单击"OK"按钮,弹出"Variables to Spectra Pairings"对话框,在该对话框"Variables used in expression:"列表框中选择"S1 -[undefined]"变量,在"Available Spectra list"列表框中选择"CDE005:Sweetgum Lignin",此时"Variables used in expression:"列表框中"S1 -[undefined]"变量就变为"S1 - CDE005:Sweetgum Lignin"。按照同样的方法,在对话框"Variables used in expression:"列表框中选择"S2 -[undefined]"变量,在"Available Spectra list"列表框中选择"CDE035:CA Buckwheat(Grey Bark)",此时在"Variables used in expression:"列表框中"S2 -[undefined]"变量就变为"S2 - CDE035:CA Buckwheat(Grey Bark)";在对话框"Variables used in expression:"列表框中选择"S3 -[undefined]"变量,在"Available Spectra list"列表框中选择"CDE045:Big Sagebrush(Brown Flowers)",此时

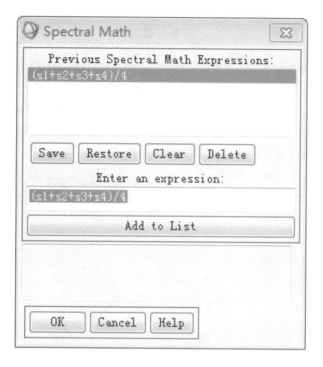

图 11 - 15　"Spectral Math"对话框

"Variables used in expression："列表框中"S3 -［undefined］"变量就变为"S3 - CDE045：Big Sagebrush（Brown Flowers）"；在对话框"Variables used in expression："列表框中选择"S4 - ［undefined］"变量，在"Available Spectra list"列表框中选择"CDE057：Giant Wildrye （Yellow Stem）"，此时"Variables used in expression："列表框中"S4 -［undefined］"变量就变为"S4 - CDE057：Giant Wildrye（Yellow Stem）"。将"Output Result to"赋值"New Window"，单击"OK"按钮执行波谱运算，运算结果如图 11 - 16 所示。

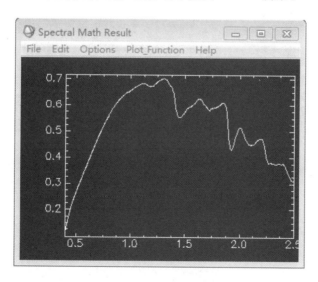

图 11 - 16　波谱运算结果

思考与练习

1. 数组运算符包括哪些?

2. 波段运算时需满足的基本条件有哪些?

3. 到地理空间数据云网站下载近期包括自己家乡的一景 Landsat 8 影像(云量为"0"或接近"0"),对其进行辐射定标和大气校正处理,然后用家乡所在地的矢量边界裁剪影像,并对裁剪后影像中的"Near Infrared(NIR)"波段和"Red"波段进行加、减、乘、除四则运算。

4. 以 ENVI 软件自带波谱库文件"usgs_veg. sli"下的"aspenlf1. spc Aspen_Leaf - A DW92 - 2" "bluespru. spc Blue_Spruce DW92 - 5 needle""grass. spc Lawn_Grass GDS91(Green)"等三种地物波谱为例,对其做"(s1+s2+s3)/3"波谱运算。

实验十二 植被覆盖度信息的提取

实验目的

通过本次实验,帮助实验者了解植被覆盖度信息提取的基础知识,并在此基础上熟练掌握植被指数的提取与统计、植被覆盖度的提取以及植被覆盖度的统计等相关操作。

实验内容

(1)植被指数的提取与统计;

(2)植被覆盖度的提取;

(3)植被覆盖度的统计。

实验数据

练习数据:8－波段运算和波谱运算:suzhou20140501.img,suzhou20140501.hdr。

实验步骤

一、基础知识

植被覆盖度是指植被的枝叶、冠层在生长区地面的垂直投影面积与研究区总面积的百分比。植被覆盖度是衡量一个地区地表植被状况的重要指标之一,对其进行定量研究和分析,是政府管理部门进行区域规划的重要决策依据之一。归一化植被指数(NDVI)是植被覆盖度的最佳指示因子,能有效提取植被信息,并且可以提高植被信息解译的可靠度和准确度。

1. 归一化植被指数(Normalized Difference Vegetation Index,NDVI)

归一化植被指数(NDVI)反映着植物的生长情况,在植被覆盖度研究中起着重要作用,其计算公式见式(12－1)。

$$\text{NDVI} = \frac{\text{NIR} - \text{Red}}{\text{NIR} + \text{Red}} \tag{12－1}$$

式(12－1)中:"NIR"指近红外波段的"DN"值,"Red"指红色波段的"DN"值。

2. 植被覆盖度(Fractional Vegetation Coverage,FVC)

实际研究中通常选择像元二分法模型来提取研究区的植被覆盖度(FVC),其计算公式

见式(12-2)。

$$FVC = \frac{NDVI - NDVI_{soil}}{NDVI_{veg} - NDVI_{soil}} \qquad (12-2)$$

式(12-2)中:"NDVI"为研究区内植被指数图中各像元的"NDVI"值;"$NDVI_{soil}$"为研究区内没有植被覆盖的裸土像元的"NDVI"值,其理论值应接近于"0";"$NDVI_{veg}$"为研究区内全植被覆盖像元的"NDVI"值,其理论值应接近于"1"。

参照 Gutman、李苗苗等的研究成果,实验中分别取"5%置信度的'NDVI'值"和"95%置信度的'NDVI'值"作为"$NDVI_{soil}$"值和"$NDVI_{veg}$"值。

二、植被指数(NDVI)的提取与统计

双击桌面"ENVI Classic 5.5 (64-bit)"或"ENVI Classic 5.5 + IDL 8.7 (64-bit)"图标,或者依次单击"开始"→"所有程序"→"ENVI 5.5"→"Tools"→"ENVI Classic 5.5 (64-bit)"或"ENVI Classic 5.5 + IDL 8.7 (64-bit)",启动"ENVI"。

在"ENVI"主菜单中单击"File"→"Open Image File",选中"C:\Users\Administrator\Desktop\练习数据\8\波段运算与波谱运算"目录下文件名"suzhou20140501.img"(该文件是 Landsat 8 OLI 影像,经辐射定标和大气校正后裁剪而成,并对其波段名进行了修改),然后单击右下角"打开(O)"按钮,弹出可用波段列表,将标准假彩色影像打开,如图 12-1 所示。

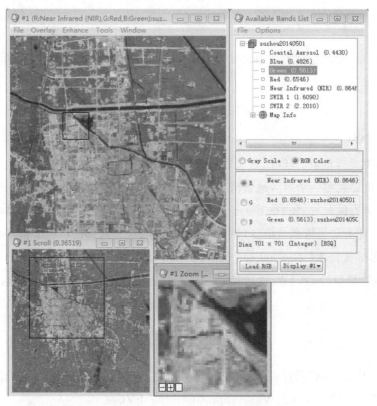

图 12-1 标准假彩色影像

在"ENVI"主菜单中单击"Transform"→
"NDVI",弹出"NDVI Calculation Input File"
对话框,在该对话框"Select Input File"列表框
选择"suzhou20140501"文件,单击"OK"按钮,
弹出"NDVI Calculation Parameters"对话框,
将"Red"赋值"4"、"Near IR"赋值"5",单击
"Choose"按钮,保存计算结果到"练习数据\9"
文件夹下,命名为"NDVI.img",单击"OK"按
钮执行"NDVI"运算,如图12-2所示。

在"Available Bands List"对话框中双击
"NDVI.img"文件名下的"NDVI
(suzhou20140501)"波段,加载"NDVI"运算结
果影像,如图12-3所示。

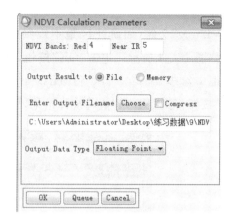

图12-2 "NDVI Calculation Parameters"
对话框参数设置

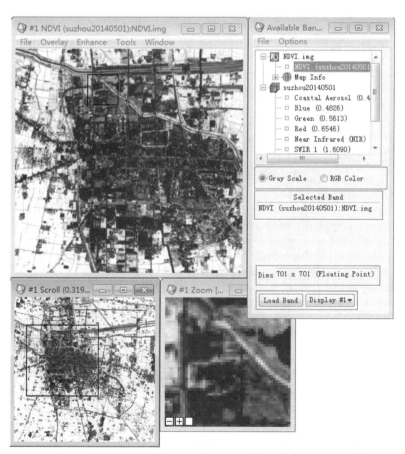

图12-3 "NDVI"运算结果影像

在"ENVI"主菜单中单击"Basic Tools"→"Statistics"→"Compute Statistics",弹出

"Compute Statistics Input File"对话框,在该对话框"Select Input File"列表框中选择"NDVI. img"文件(如研究区是不规则的,可单击"Select Mask Band"加载研究区掩膜文件),如图 12 - 4 所示。单击"OK"按钮,弹出"Compute Statistics Parameters"对话框,在该对话框中勾选"Basic Stats"和"Histograms",其他选项为默认值,如图 12 - 5 所示。单击"OK"按钮得到"NDVI"值的统计结果,如图 12 - 6 所示。

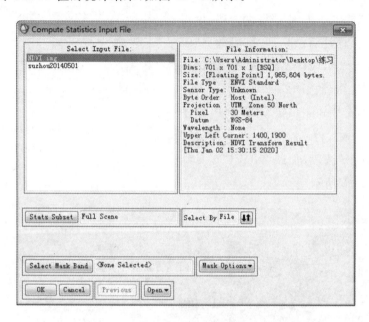

图 12 - 4 "Compute Statistics Input File"对话框文件选择

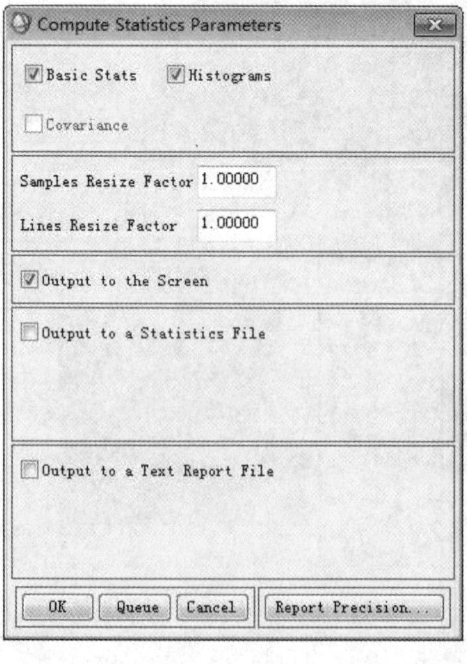

图 12 - 5 "Compute Statistics Parameters"对话框参数设置

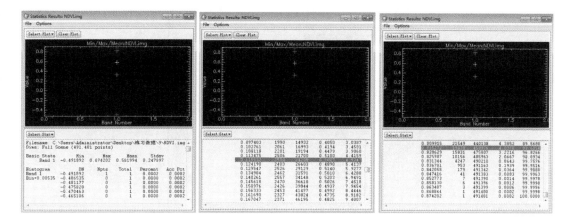

图 12-6　"NDVI"值的统计结果

由图 12-6 可知，实验区 5% 置信度的"NDVI"值为"0.118 832"，实验区 95% 置信度的"NDVI"值为"0.815 272"，即"$NDVI_{soil}$"值为"0.118 832"和"$NDVI_{veg}$"值为"0.815 272"。

三、植被覆盖度(FVC)的提取

根据前人的研究成果和式(12-2)可知，实验中(根据"$NDVI_{soil}$"值和"$NDVI_{veg}$"值)可将研究区划分为三部分：当"NDVI"值小于 0.118 832 时，"FVC"值为 0；当"NDVI"值大于 0.815 272时，"FVC"值为 1；当"NDVI"值介于"0.118 832"和"0.815 272"之间时，"FVC"值利用式(12-2)计算求得。

在"ENVI"主菜单中单击"Basic Tools"→"Band Math"，弹出"Band Math"对话框，在公式输入栏"Enter an expression："中输入"(b1 lt 0.118 832) * 0+(b1 gt 0.815 272) * 1+(b1 ge 0.118 832 and b1 le 0.815 272) * ((b1 - 0.118 832)/ (0.815 272 - 0.118 832))"，单击"Add to List"按钮，如图 12-7 所示；单击"OK"按钮，弹出"Variables to Bands Pairings"对话框，在该对话框"Available Bands List"列表框中选择"NDVI.img"文件中"NDVI(suzhou20140501)"波段，其他参数按默认值设置，单击"Choose"按钮，保存计算结果到"练习数据\9"文件夹下，命名为"FVC.img"，如图 12-8 所示；单击"OK"按钮执行"FVC"运算，运算结果如图 12-9 所示。

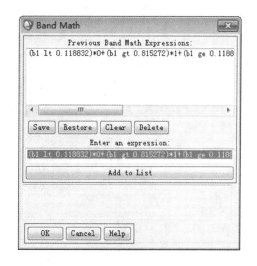

图 12-7　"Band Math"对话框中输入公式

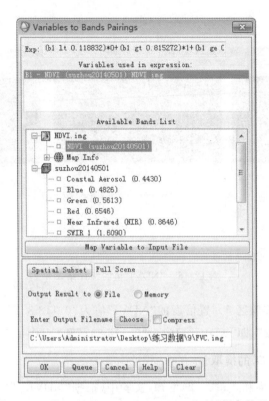

图 12 - 8　"Variables to Bands Pairings"对话框参数赋值

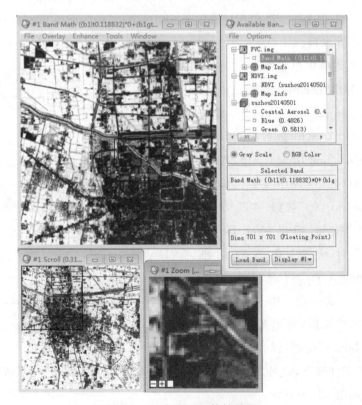

图 12 - 9　"FVC"运算结果图

四、植被覆盖度(FVC)的统计

1. 密度分割

根据研究区植被覆盖实际情况,按照等差级数将研究区植被覆盖度(FVC)密度分割为五个等级:无植被覆盖区(0~0.2)、较低植被覆盖区(0.2~0.4)、中植被覆盖区(0.4~0.6)、较高植被覆盖区(0.6~0.8)和高植被覆盖区(0.8~1)。

在"Available Bands List"对话框中双击"FVC.img"文件中"Band Math"波段名打开植被覆盖度(FVC)影像,如图 12-9 所示。在主影像窗口选择"Tools"→"Color Mapping"→"Density Slice...",在弹出的"Density Slice Band Choice"对话框中选中"FVC.img"文件中"Band Math",如图 12-10 所示。单击"OK"按钮,在弹出的"♯1 Density Slice"对话框中,按照"实验二"中"密度分割"方法将研究区植被覆盖度分为五个等级:0~0.2、0.2~0.4、0.4~0.6、0.6~0.8 和 0.8~1,参数设置如图 12-11 所示。单击"♯1 Density Slice"对话框左下角"Apply"按钮即完成密度分割。在"♯1 Density Slice"对话框中单击"File"→"Output Ranges to Class Image...",弹出"Output Ranges to Class Image"对话框,单击"Choose"按钮,保存分类结果到"练习数据\9"文件夹下,命名为"FVCfenlei.img"。再参照"实验三"的内容,在植被覆盖度密度分割的影像上添加图名、指北针、图例、比例尺、内外轮廓线、经纬度注记等要素,并将结果输出成 JPG 图,如图 12-12 所示。

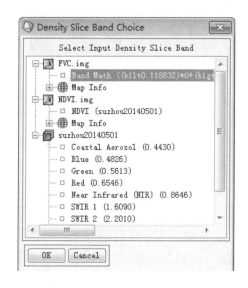

图 12-10　"Density Slice Band Choice"对话框

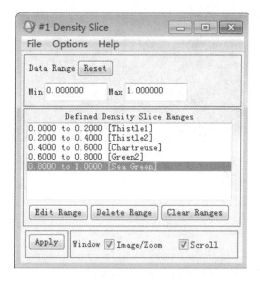

图 12-11　密度分割等级参数设置

2. 植被覆盖度的分类统计

(1)分类名称的修改。在"Available Bands List"对话框中双击"FVCfenlei.img"文件中"Band 1"波段名打开该影像,在密度分割分类结果"FVCfenlei.img"主影像上,单击"Tools"

图 12 - 12　密度分割结果图

→"Color Mapping"→"Class Color Mapping..."按钮,弹出"♯ 1 Class Color Mapping"对话框,在该对话框"Selected Classes"文本框中选中"Density slice range 0. 000 0 to 0. 200 0",然后在"Class Name"文本框中输入"无植被覆盖区"并单击"Enter"键。按照这种方法,将类名"Density slice range 0. 200 0 to 0. 400 0"修改为"较低植被覆盖区",将类名"Density slice range 0. 400 0 to 0. 600 0"修改为"中植被覆盖区",将类名"Density slice range 0. 600 0 to 0. 800 0"修改为"较高植被覆盖区",将类名"Density slice range 0. 800 0 to 1. 000 0"修改为

"高植被覆盖区",如图 12 - 13 所示。最后,在"♯ 1 Class Color Mapping"对话框单击"Options"→"Save Changes"完成分类名称的修改。

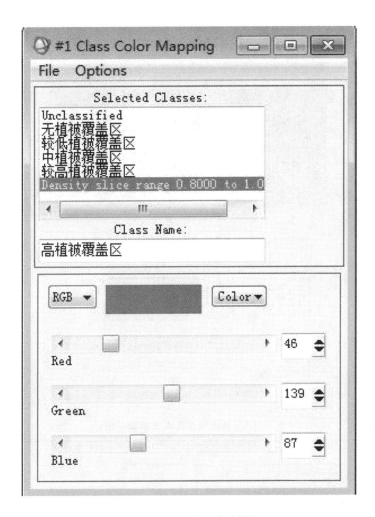

图 12 - 13　分类名称的修改

（2）分类结果统计。在 ENVI 主菜单下单击"Classification"→"Post Classification"→"Class Statistics",弹出"Classification Input File"对话框。在"Select Input File"文本框中选中"FVCfenlei. img"文件名,单击左下角"OK"按钮,弹出"Statistics Input File"对话框;在"Select Input File"文本框中选中"FVCfenlei. img"文件名,单击左下角"OK"按钮,弹出"Class Selection"对话框;单击左下角"Select All Items"(或者在"Select Classes"文本框中选择需要统计的类别),单击左下角"OK"按钮,弹出"Compute Statistics Parameters"对话框,将左上角"Basic Stats"和"Histograms"前面打上"√",再单击左下角"OK"按钮,弹出统计结果,在统计结果上单击"Options"→"Class Summary Area Units"→"Km"(将面积单位改为 km²),统计结果如图 12 - 14 和表 12 - 1 所示。

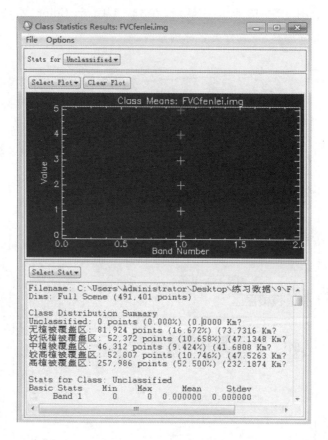

图 12 - 14　分类统计结果

表 12 - 1　某地植被覆盖度等级区统计

等级区	面积（km²）	百分比（%）
无植被覆盖区	73.73	16.67
低植被覆盖区	47.13	10.66
中植被覆盖区	41.68	9.42
较高植被覆盖区	47.53	10.75
高植被覆盖区	232.19	52.50

思考与练习

1. 归一化植被指数的概念是什么？

2. 何谓植被覆盖度？简要介绍一下利用 ENVI 软件提取植被覆盖度的数据处理流程。

3. 到地理空间数据云网站下载近期包括自己家乡的一景 Landsat 8 影像（云量为"0"或接近"0"，5 至 10 月之间），先对其进行辐射定标和大气校正处理，然后用家乡所在地的矢量边界裁剪影像，提取裁剪后影像的植被覆盖度，对其进行密度分割（5 级）和面积统计，最后制作规范的家乡植被覆盖度等级图（含图名、指北针、比例尺、图例、经纬度注记、内外轮廓线等）。

参 考 文 献

[1] 邓书斌,陈秋锦,杜会建,等. ENVI遥感影像处理方法［M］. 2版. 北京:高等教育出版社,2014.

[2] 杜培军. 遥感原理与应用［M］. 徐州:中国矿业大学出版社,2006.

[3] 几何校正和配准的异同［EB/OL］. https://wenku. baidu. com/view/e8613e5e650e52ea55189867. html.

[4] GUTMAN G G. Vegetation indices from AVHRR: An update and future prospects ［J］. Remote Sensing of Environment,1991,35(2/3):121-136.

[5] 李苗苗. 植被覆盖度的遥感估算方法研究［D］. 北京:中国科学院遥感应用研究所,2003.

[6] 方刚,郭文浩,陈真,等. 基于SPOT6影像的渔沟地区植被覆盖度定量估算［J］. 河北北方学院学报(自然科学版),2015,31(6):48-50.

[7] ENVI下植被覆盖度的遥感估算［EB/OL］. http://blog. sina. com. cn/s/blog_764b1e9d0100u29i. html.

[8] PUREVDORJ T S,TATEISHI R,ISHIYAMA T,et al. Relationships between percent vegetation cover and vegetation indices ［J］. International Journal of Remote Sensing,1998,19(18): 3519-3535.

[9] 于秀娟,燕琴,刘正军,等. 三江源区植被覆盖度的定量估算与动态变化研究［J］. 长江流域资源与环境,2013,22(1):66-74.

[10] 任志明,李永树,蔡国林. 一种利用NDVI辅助提取植被信息的改进方法［J］. 测绘通报,2012(7):40-43.

[11] ENVI扩展模块［EB/OL］. http://www. esrichina—bj. cn:8080/EnviCpKzmk. html.

[12] ENVI 5.5新功能［EB/OL］. http://blog. sina. com. cn/s/blog_764b1e9d0102yk4b. html.

[13] 易智瑞信息技术有限公司. ENVI5. 5. 2—IDL8. 7. 2系列产品白皮书［R］,2019.